All about SINGLE COOKING

신군 1인 레시피 노하우

SINGLE COOKING

신군 1인 레시피 노하우

SINGLE COOKING

single life

PROLOGUE

싱글 생활을 청산하면서 그동안 즐겨 먹던 메뉴,
꼭 필요한 요리 노하우를 이 책에 모두 담았습니다.

전쟁을 치르듯 하루하루 바쁘게 사는 요즘 싱글들에게는 집에서 건강한 밥 한 끼를 손수 차려 먹는 것은 큰일이 되었습니다. 장을 봐도 제대로 차려 먹을 시간이 없고, 식재료가 남아 버리기 일쑤입니다. 게다가 점점 더 어려워질 것 같다는 생각이 들기도 합니다. 밖에 나가면 다양한 메뉴의 음식점들이 즐비하고, 전화 한 통이면 원하는 음식을 배달 받을 수 있기 때문이지요. 대형마트에 가면 여러 가지 반조리 식품을 손쉽게 구입할 수 있기도 하고요. 때로는 큰맘 먹고 밥 한 끼를 제대로 먹겠다고 재료를 사다 요리해서 그릇에 예쁘게 담아 식탁을 차립니다. 휴대폰이나 카메라로 인증 샷을 찍어 SNS에 올리기도 하지요. 저도 요리를 하는 사람이지만 밥 한번 차려 먹으려면 정말 할 일이 많습니다.

일반적인 요리책에 소개된 음식들은 싱글에게는 어렵고 복잡하고 번거로운 경우가 많습니다. 싱글은 요리하는 것보다 배달해 먹거나 외식을 하는 것이 시간과 비용을 절약하는 경우가 많기 때문입니다. 그래서 싱글을 위한 현실적인 메뉴와 조리법을 고민하게 되었습니다.

요리를 좀 간단하게 생각하면 어떨까? 요리책과 잡지, 방송에서 제시하는 온갖 소스를 일일이 다 만들어야 할까? 자주 먹는 인스턴트 음식을 좀 더 맛있게 요리해서 먹을 수는 없을까?…

이런 생각들을 토대로 그동안 요리하면서 터득한 저만의 노하우를
이 책에 담았습니다.

간단하게 만들어도 충분히 맛있는 요리, 인스턴트 음식을 활용한 그럴싸한 일품요리, 먹어도 먹어도 줄지 않는 명절 음식 활용 요리 등 누구나 쉽게 따라 할 수 있는 요리를 제안합니다. 재료가 낯설거나 요리 과정이 길면 겁부터 먹는 요리 초보도 걱정 없이 따라 할 수 있도록 최대한 간단한 조리법으로 요리했습니다. 이제 싱글도 더 건강한 식사를 할 수 있을 것입니다.

혹독하게 허기졌던 싱글을 추억하며
신효섭

single-dish

contents

일러두기

1 이 책의 모든 요리는 1인분 기준입니다.
2 기호에 따라 간과 양을 조절하세요.

PART1

오래 두고 먹는 재료

PART2

유통기한 짧은 재료

single-dish
BASIC GUIDE

큰맘 먹고 요리책을 구입해도 요리의 기본을 모르면 따라 하기 쉽지 않다.
레시피를 볼 때마다 생기는 궁금증에 대한 해답과 기본 정보를 한데 모았다.

contents

1 정확히 계량하는 법

요리를 처음 해보는 초보라면 계량법을 지키는 게 좋다.
계량법에 따라 요리를 하다 보면 재료와 양념의 비율을
자연스레 알게 된다.

계량스푼으로 1큰술 계량하기

가루 양념
계량스푼에 가득 담은 뒤 젓가락으로
깎아내 윗면을 평평하게 만든다.

액체 양념
계량스푼 표면이 찰랑거릴 정도로 담는다.

고체 양념
계량스푼에 묻는 양을 감안해 도톰하게
올라올 정도로 담는다.

1큰술은 계량스푼을 가득 채운
것으로 15ml고 15cc와 같다.
밥숟가락으로는 볼록하게 올라올
정도로 수북이 담은 양이다.

½큰술은 1큰술의
절반으로, 1큰술을 평평하게
한 뒤 절반을 덜어낸 것이다.

1작은술은 1큰술의 ⅓
분량이다. 5ml로 5cc와 같으며,
밥숟가락으로 잴 경우 반 정도만
채우면 된다.

계량컵

계량컵 기준 1컵은
200ml이며 200cc와 같다.
가루를 잴 때는 컵에 담고
젓가락으로 깎아내 재료가
평평하게 한다.

종이컵
종이컵에 가득 담으면 200ml보다 약간 부족하다. 200ml 우유팩의
윗부분을 잘라낸 뒤 0.7cm 정도 남기고 채우면 200ml가 된다.

약간
소금이나 후추를 엄지와 검지로 집을 수 있는 정도의 양.
간을 입맛에 맞게 조절할 때 사용한다.

2 재료 써는 법

재료의 종류와 요리 방법에 따라 써는 방법은 여러 가지가 있다. 식재료를 써는 방법에 대해 알아보자.

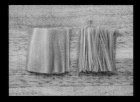

채 썰기
당근, 무 등 채소뿐만 아니라 여러 가지 요리에 두루 사용한다. 가늘고 길게 써는 방법이다.

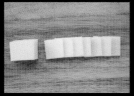

납작 썰기
일정한 크기의 사각형으로 납작하게 써는 방법이다. 뭇국을 끓일 때 무를 납작 썬다.

어슷 썰기
국물 요리나 볶음 요리에 고추나 대파 등을 넣을 때 써는 방법이다. 한 손으로 재료를 잡아 고정하고 다른 한 손으로는 칼을 어슷 잡고 원하는 두께로 썬다.

반달 썰기
감자나 당근 등 둥근 재료를 길게 반으로 가른 뒤 원하는 두께로 썬다.

송송 썰기
칼날을 직각으로 세워서 얇게 써는 방법으로 국물 요리에 넣는 파나 고추 등을 썰 때 사용한다.

은행잎 썰기
애호박처럼 둥글고 긴 채소를 길게 반으로 가른 뒤 다시 반으로 갈라 끝에서부터 원하는 두께로 썬다.

양파 길이로 채 썰기
양파를 반으로 잘라 길이대로 채 썬다.

다지기
각종 재료를 잘게 써는 방법으로 칼등 끝을 왼손으로 잡고 썰면 효과적이다.

3 해산물 손질법

얼큰한 꽃게탕이나 오징어볶음을 해먹고 싶어도
재료 손질부터 엄두가 나지 않는 경우가 많다.
다음의 레시피를 보고 차근차근 따라 해보자.

꽃게 손질법

> 수게는 가을이 제철이며 알이 없기
> 때문에 가격이 저렴한 편이다.
> 찜이나 탕 요리에 많이 쓰인다.
> 암게는 배 모양이 둥글며 3~5월이
> 제철이다. 알이 노랗게 차 있으며,
> 간장게장을 만들 때 많이 쓴다.

1. 꽃게는 요리용 솔이나 못 쓰는 칫솔로 구석구석 깨끗하게 닦아 이물질을 제거한다.
2. 꽃게를 돌려 배 쪽에 있는 껍데기를 아래 방향으로 뜯어낸다.
3. 몸통과 게 뚜껑 사이에 손가락을 집어넣고 위로 들어 올려
   게 뚜껑과 몸통을 분리한다.
4. 몸통을 가위로 2등분한다.
5. 게 몸통의 살에 붙어 있는 털같이 생긴 부위를 가위로 자르고
   날카로운 다리 끝부분과 입 부분도 자른다.

생선 손질법

1. 생선은 비늘을 긁어내고
   가위로 지느러미를
   자른다.

2. 배 쪽을 갈라 내장을
   빼낸다.

3. 요리에 따라 길게 반을
   가르거나 먹기 좋게
   2~3등분한다.

오징어 손질법

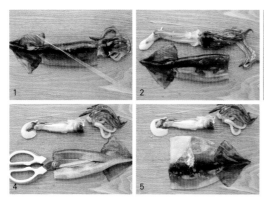

1. 오징어 몸통 안으로 손을 집어넣어 색이 진한 플라스틱 같은 연골을 잡아당겨 뗀다.
2. 다리를 잡고 아래로 당기면 몸통과 내장이 분리된다.
3. 오징어의 눈 위쪽을 가위로 잘라 내장을 제거한다.
4. 가위로 배를 갈라 넓게 펼친다.
5. 굵은소금이나 키친타월을 이용해 아래에서 위로 밀어 올리며 껍질을 벗긴다.

오징어를 대량 구입할 경우 꼭 내장을 떼어내고 냉동 보관한다. 내장을 떼지 않고 보관하면 내장이 상해서 오징어에서 냄새가 날 수 있다.

tip

칼은 칼등과 손잡이를 함께 잡아야 손목에 무리가 가지 않고 칼날에도 힘이 골고루 분산돼 재료를 잘 썰 수 있다.
엄지손가락과 집게손가락 부분은 칼등을 가볍게 잡고 나머지 세 손가락으로는 칼의 손잡이 부분을 감싸듯이 잡는다.
손목의 힘을 살짝 빼고 칼의 무게를 이용해 칼질을 해야 칼을 자유롭게 움직일 수 있다.

요리할때 자주 쓰는 단골 양념을 구비해두면 국물 요리, 볶음 요리, 무침 요리 등을 할 때 언제나 편리하게 사용할 수 있다. 꼭 필요한 양념 종류와 활용법을 알아두자.

고추장
고추장 하나만 있으면 정말 많은 요리를 할 수 있다. 매콤한 볶음 요리는 물론 칼칼한 국물 요리에도 사용할 수 있다. 고추장에 기름을 넣고 볶으면 고추장이 기름을 흡수해 맛이 진해지고 깊어진다. 고추장은 고운 붉은색을 고른다. 보관하던 시판용 고추장에서 냄새가 나면 변질된 것이므로 사용하지 않는다.

재래식 된장
우리나라 음식문화에서 빠질 수 없는 것이 바로 된장이다. 보관할 때는 직사광선이 들지 않고 서늘한 곳이나 냉장고에 보관하는 것이 좋다. 된장찌개를 끓일 때 쌀뜨물을 넣으면 된장의 군내가 없어지고 구수한 맛이 난다.

진간장
진간장은 열을 가하는 음식에 좋다. 간장에 열을 가하면 어느 정도 맛이 변하기 마련인데, 진간장은 아미노산 공법이라는 방식을 사용해 시간적, 영양학적 손실을 최소화하기 때문에 감칠맛이 나고 열을 가해도 맛이 변질되지 않는다. 장조림, 갈비찜, 간장게장 등 열을 가하는 조림이나 볶음 요리에 사용한다.

고추기름
고추기름은 캡사이신이 풍부해 다이어트에 도움이 되며, 감기 예방, 면역력을 높여주는 것으로도 잘 알려져 있다. 매운 볶음 요리에 넣으면 더욱 매콤하게 즐길 수 있다. 식용유 1컵을 끓여 뜨거울 때 고춧가루 ⅓컵을 부은 뒤 체에 걸러 사용해도 된다.

쌈장
보통 고기를 찍어 먹는 용도로 사용하지만 무침이나 드레싱을 만들 때도 사용한다. 쌈장은 된장, 고추장에 마늘, 깨 등 여러 재료를 섞기 때문에 나물을 무칠 때 넣으면 맛이 좋아진다. 참기름을 조금 넣으면 더욱 감칠맛이 난다.

양조간장
부침개나 회, 튀김 등을 찍어 먹을 때 많이 사용한다. 탈지대두와 소맥을 사용해 장기간 발효 숙성시켜 만든 간장으로, 발효되면 맛과 향이 풍부하다. 나물무침이나 겉절이, 간장 드레싱, 소스 등에 사용한다.

참기름
참기름은 요리 과정에서 너무
빨리 넣으면 맛과 향을 잃을 수
있으므로 맨 마지막에 넣는다.
공기와 햇빛에 노출되면 쉽게
상하므로 입구가 좁은 병에 담고
마개로 잘 막아 바람이 잘 통하고
습기가 적으며 온도 변화가 없는
곳에 보관한다. 전내가 날 경우
사용하지 않는다.

토마토 소스
스파게티 면이나 감자,
밥에 넣어 간단하게 이탈리아
요리를 만들 수 있으며, 식빵
위에 토마토 소스를 바르고
치즈를 얹어 전자레인지에
가열하면 아침식사로 먹기
좋다. 고추기름을 넣으면 볶음
양념으로도 활용할 수 있다.

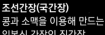

조선간장(국간장)
콩과 소맥을 이용해 만드는
일본식 간장인 진간장,
양조간장과 달리 100% 콩만
사용해 우리나라 전통 제조
방식으로 만든 간장을 말한다.
염도가 높기 때문에 조금씩
사용하며, 색깔이 엷어 음식
본래의 색을 유지하면서 간을
맞출 수 있다. 미역국, 갈비탕,
쇠고기뭇국, 콩나물국 등 국물
요리의 간을 맞추거나 각종 나물,
무침 요리에 사용한다.

돈가스 소스
볶음 요리에 많이
사용하며 일본 요리인
오코노미야키에도
활용할 수 있다. 요리에
사용하는 빈도가 많지
않으므로 용량이 적은
것을 구입하는 것이
좋다.

머스터드 소스
감자 요리, 튀김
요리에 잘 어울린다.
새콤하면서도 알싸한
맛이 있어 느끼한
음식에 잘 어울린다.

5 이것만은 구입하자, 조리도구

있어도 그만, 없어도 그만이라고 생각한다면
오산. 작지만 큰 힘을 발휘하는 필수 주방
아이템만 꼭 짚었다.

국자
작은 크기의 국자는 그릇에
국이나 찌개를 덜 때 편하다.
고온에 노출되므로 플라스틱
소재는 피한다. 내열성이 높고
고온에도 환경호르몬이 나오지
않는 스테인리스나 실리콘으로
만든 제품을 구입한다.

스테이크 나이프
톱날처럼 생겨서 과일을
자르거나 간단한 재료,
빵, 샌드위치를 썰 때
아주 유용하다.
일반 과도는 날이 빨리
무뎌지는 반면,
스테이크 나이프는
오랫동안 사용할 수 있다.

계량컵
요리할때 꼭 필요한
계량컵. ½컵
사이즈의 계량컵은
분량이 적은 양념을
넣을 때 유용하다.

나무 뒤집개
스테인리스 소재보다
나무 소재를 사용해야
프라이팬이 긁히지 않아
코팅력을 오래 보존할 수
있다.

프라이팬과 냄비
두껍고 무거운
프라이팬이나 냄비는
열보존율이 높기 때문에
요리의 맛을 살릴 수
있다. 가격이 만만치
않아 구입하기 어렵다면
코팅력이 우수한 제품을
고른다.

조리용 집게
뜨거운 음식을 덜 때
사용하면 편리하다.
젓가락을 사용하다 놓치면
음식이 망가지거나 화상을
입을 수 있다. 조리용 집게는
길이가 너무 짧지 않고
열전도율이 낮은 제품을
사용한다.

나무 도마
나무 도마는 뜨거운 물에
담가 열탕소독한다. 햇볕에
말리면 살균 효과도 있다.

계량스푼
요리할 때는 계량스푼,
계량컵을 사용해야
레시피대로 요리할 수
있다. 계량스푼은 재료를
담은 뒤 평평하게 깎아서
사용한다. 계량스푼이
없다면 전체 레시피를
살펴본 후 비율을
따져서 밥숟가락을
활용해도 된다.

실리콘 도마
주방에서 세균이 가장 많이
번식하는 곳이 바로 도마다.
항균 도마도 오랫동안
사용하면 세균이 번식하기
마련. 가격이 저렴한 실리콘
소재의 얇은 도마를 구입해
자주 교체하는 것이 좋다.

칼, 가위
칼과 가위는 무조건 저렴한
제품보다는 인지도가 있는
제품을 선택한다. 그렇지 않다면
자주 갈아가며 사용한다. 칼을
가는 도구(일명 야스리)나 숫돌
등으로 갈면 좋지만 기술이
없으면 오히려 칼의 수명이
짧아질 수 있다. 쿠킹포일을
3~4번 접어 두껍게 만든 다음
칼날을 비비거나 썰면 칼날이
선다. 가위도 같은 방법으로
관리한다.

6 만능 소스 만들기

소스는 구입해서 한두 번 먹고 나면 유통기한이 지날 때까지 냉장고에 그대로 있기 일쑤. 자주 쓰는 돈가스 소스와 토마토 소스만 있으면 요리에 다양하게 응용할 수 있다.

돈가스 소스 응용하기

돈가스 소스+토마토→햄버그스테이크 or 닭가슴살스테이크 소스

→ 햄버그스테이크와 닭가슴살스테이크는 보통 데미그라스 소스처럼, 향이 진한 쇠고기 소스를 곁들여 먹는다. 돈가스 소스에 토마토를 썰어 넣으면 새콤달콤해져 퍽퍽한 고기 요리에 잘 어울린다. 집에서 간단히 만들어 먹을 수 있다.

돈가스 소스+올리브유+레몬즙→샐러드 소스(오리엔탈 소스)

→ 돈가스 소스에 올리브유와 레몬즙을 넣으면 오리엔탈 소스와 비슷한 맛이 난다. 맛이 강할 경우 물을 약간 넣어 농도를 맞춘다. 쓴맛이 나는 채소를 곁들이면 잘 어울린다.

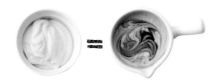

돈가스 소스+마요네즈→햄버거 소스

→ 돈가스 소스를 가장 유용하게 사용할 수 있는 방법이 햄버거 소스다. 돈가스 소스에 마요네즈를 섞으면 프랜차이즈 햄버거와 비슷한 맛을 낼 수 있다.

돈가스 소스+레드 와인+양파→스테이크 소스

→ 돈가스 소스는 우스터 소스를 기본으로 만든 것이기 때문에 스테이크 소스로 사용해도 좋지만 고기의 풍미를 살리지는 못한다. 프라이팬에 양파를 채 썰어 넣고 갈색이 나게 볶은 후 레드 와인과 돈가스 소스를 넣고 약한 불에서 은근하게 졸여 믹서에 갈면 맛과 향이 뛰어난 스테이크 소스가 완성된다.

토마토 소스 응용하기

토마토 소스+만두소→미트 소스

다진 쇠고기와 토마토가 어우러진 미트 소스는 시판 제품이 있지만 집에서도 간단히 만들 수 있다. 만두소를 한번 볶아 토마토 소스를 넣고 끓이면 미트 소스가 완성된다. 프라이팬에 만두와 토마토 소스를 같이 넣고 은근하게 졸인 뒤 치즈 한 장을 올리면 이탈리아 요리, 라비올리가 완성된다.

토마토 소스+생토마토+바질 잎+올리브유→고급 토마토 소스

시판 토마토 소스를 활용해 레스토랑에서 맛볼 수 있는 토마토 소스를 만들어본다. 시판 토마토 소스에 생토마토 1개를 썰어 넣고 슬라이스한 바질 잎과 올리브유를 넣으면 훨씬 풍부한 맛이 난다.

토마토 소스+고추장+고추기름→소시지야채볶음 소스

남녀노소 불문하고 술안주로 가장 인기 있는 것이 바로 소시지야채볶음이다. 일명 '쏘야'라 불리는 소시지야채볶음은 집에서도 간단히 만들 수 있다. 프라이팬에 식용유를 두르고 소시지, 피망, 양파, 양배추를 넣고 볶다가 토마토 소스와 고추장을 넣고 고추기름으로 매운 향을 낸다. 토마토 소스가 없을 경우 케첩을 대신 넣어도 된다.

7 장보기 노하우

싱글은 한두 번 먹을 만큼 소포장된 식품,
손질해놓은 고기, 해산물을 구입하는 편이 낫다.
보다 알뜰하게 장 보는 법, 신선한 재료 구입하는
법을 알아두자.

안전한 식품 고르는 법

선도가 중요한 생선
생선의 눈을 살펴보아 눈동자 주변이 뿌옇다면 구입하지 않는다. 눈과 비늘이 선명한데도 신선하지 않은 것 같다면 아가미를 살짝 열어본다. 아가미가 붉은색이 아니라 회색빛·검은색이라면 신선하지 않은 것이다. 비린내가 강하거나 악취가 나며 바닷물 냄새보다 강한 것도 신선하지 않은 것이다.

구입 시 주의해야 할 조개
조개는 상하면 아주 강한 식중독 균이 생겨 복통과 설사, 구토를 일으키며 심하면 목숨을 잃을 수도 있기 때문에 신선한 것을 섭취해야 한다. 조개를 익혔을 때 입을 열지 않은 것은 썩었거나 신선하지 않은 것이므로 버린다. 살아 있을 때 조갯살을 손으로 만져보아 반응이 없으면 죽은 것이므로 버린다. 해감한 조개를 구입했더라도 꼭 깨끗한 물에 헹궈서 사용한다.

두고두고 먹는 달걀
용기에 담긴 것을 구입하고, 금이 가거나 깨진 것은 과감히 버린다. 포장이 파손되거나 뜯긴 제품은 구입하지 않는다.

유통기한이 중요한 통조림
용기가 찌그러진 것은 오염된 것이므로 구입하지 않는다. 반드시 유통기한을 확인하고 가능한 한 제조일자가 빠른 것을 구입한다.

대형 마트에서 장보기
장보기에도 순서가 있다 장을 본 뒤 식품을 카트나 자동차 트렁크에 오랫동안 보관하면 상할 수 있으므로 식품은 종류별로 나누어 순서대로 구매하는 것이 좋다. 생활 잡화→냉장이 필요 없는 식품→과일과 채소류→냉장이 필요한 가공식품→냉장 육류→냉장 어패류 순서로 구매한다.
냉장고에 보관할 때는 반대 순서로 한다 식품은 실온에서 60분 정도 지나면 세균의 수가 급속히 증가하므로 구입한 뒤 1시간 이내에 냉장 보관하는 것이 좋다. 즉석식품인 샌드위치, 떡볶이, 김밥 등은 구매 후 바로 먹는다. 특히 삼각김밥, 김밥, 롤, 비빔밥 등 밥 종류는 빨리 상하므로 구입한 즉시 먹는다.
자동차 안을 조심한다 장을 보고 다른 볼일을 보는 것은 좋지 않다. 자동차의 온도는 외부 온도보다 높기 때문에 식품을 구입해 트렁크에 오래 두면 더욱 빨리 부패된다.

현명하게 장 보는 법
고기와 생선은 인터넷과 어플을 활용한다 인터넷으로 장을 보면 더욱 신선한 제품을 구입할 수 있다. 고기는 원하는 양을 그램(g) 단위로 주문할 수 있다. 어플은 할인 쿠폰 이벤트를 활용한다. 고기, 생선은 손질해놓은 소포장 팩을 구입해야 번거롭지 않다.
과일과 채소는 시장에서 구입한다 재래시장이나 농산물 도매시장에서는 싱싱한 과일이나 채소를 저렴하게 구입할 수 있다. 요즘에는 한두 번 먹을 만큼씩 소포장해서 판매하는 경우가 많아 부담이 줄었다.
대형 마트의 세일을 이용한다 대형 마트는 반짝할인이나 폐점 시간대를 이용하면 정상가의 40~50% 가격에 구입할 수 있다. 전단지를 참고해 할인 물품의 정보를 알아두었다가 필요한 물건이 있을 때 구입하면 좋다. 오후 4시에 진행하는 타임서비스 때는 부문별로 하루 1개 품목, 50개 수량에 대해 기존 가격보다 30~40%, 폐점 시간대에는 50% 가까이 할인하기도 한다.

식비 줄이는 법
냉장고 속 재료로 레시피를 짠다 우선 냉장고에 있는 재료를 중심으로 레시피를 짠 뒤 대체할 수 있는 재료를 파악해 장보기 리스트를 작성한다.
식사 후 장을 본다 장을 볼 때 배가 고프면 계획에 없던 주전부리를 사게 되고 필요한 것보다 더 많이 사게 되므로 주의한다.
카트 대신 장바구니를 든다 혼자 사는 싱글인 경우 카트에 가득 담을 만큼 살 필요가 없으므로 장바구니를 사용하는 편이 낫다.
필요한 양보다 적게 구입한다 고기를 비롯해 그램(g) 단위로 파는 식재료는 필요한 양보다 조금 적게 구입한다.

요리 노하우와 재료 보관법

요리 초보도 쉽게 따라 할 수 있는 알짜배기 요리 노하우를 들려줬다.

기본적인 식재료를 갖춘다.
간장·소금·참기름·고추장·된장 등 기본적인 양념과 양파·마늘·감자·대파 같은 기본 채소들을 구입해둔다.

1 요리의 기본

보관이 쉬워야 한다
찌개나 음식이 남았을 경우 지퍼락이나 뚜껑이 있는 1인용 플라스틱 보관 용기에 담아 얼리면 필요할 때마다 끓이거나 데워 먹을 수 있다. 밥도 마찬가지. 필요한 양을 한꺼번에 조리해 1인분씩 담아 냉동실에 얼려둔다. 밤늦은 시간, 요리하기 귀찮을 때 냉동실에서 꺼내 전자레인지에 해동해서 먹으면 편하다.

도구에 투자한다
'서툰 목수가 연장 탓한다'는 말이 있지만 요리할 때는 연장 탓을 해야 한다. 특히 칼은 날이 잘 안 들면 오히려 다치기 쉬우므로 한번 구입할 때 좋은 것을 구입한다.

보기 좋게 차려낸다
음식을 접시에 담아낼 때 색깔만 잘 맞춰도 훨씬 먹음직스럽다. 녹색·노란색·빨간색·흰색 등 색깔이 서로 어우러지게 담으면 조화를 이뤄 보기 좋다. 음식은 접시의 중간 부분에 입체감 있게 소복하게 담아내면 좋고 고기나 생선 등 따뜻한 음식을 담을 때는 접시 한쪽에 신선한 샐러드나 허브를 곁들이면 요리가 한결 먹음직스럽다.

프라이팬의 기름때는 커피 찌꺼기를 활용해 닦는다
요리하고 기름이 많이 남은 경우 그냥 버리면 하수구가 막힐 수 있으므로 신문지를 뭉쳐 따라 붓고, 프라이팬은 신문지나 키친타월로 닦은 후 세척하는 것이 좋다. 프라이팬의 기름때는 커피 찌꺼기를 섞은 물을 넣고 살짝 끓인 후 닦으면 특유의 냄새가 없어진다.

생선은 밀가루를 묻혀 굽는다
생선구이를 할 때 생선에 밀가루를 얇게 묻히면 밀가루가 생선에 남아 있는 수분을 흡수해 기름이 튀지 않는다.

2 재료 조리법과 보관법

채소를 냉장 보관할 때
녹황색채소는 비닐백에 넣고 입김을 불어넣은 다음 밀봉해 보관한다. 입김에서 이산화탄소가 나와 채소를 좀 더 오래 보관할 수 있다

채소를 상온에서 보관할 때
상온에 보관하는 채소는 유약을 바르지 않은 화분에 넣어두면 상온에 두는 것보다 10일 정도 더 보관할 수 있다.

껍질 벗긴 감자를 보관할 때
껍질을 벗긴 감자는 그대로 두면 거무스름하게 갈변하고 맛도 떨어진다. 찬물에 식초 몇 방울을 떨어뜨리고 감자를 담가 냉장 보관하면 맛과 색이 변하지 않는다.

시금치를 데칠 때
끓는 물에 시금치를 데칠 때 소금을 약간 넣으면 떫은맛이 사라지고 색깔도 선명해진다.

단호박을 삶을 때
물 대신 녹차를 이용하면 단맛이 우러나와 폭신하게 질 삶아진다.

양파를 손질할 때
양파를 손질하기 전 물에 10분간 담가두면 매운맛이 약해져 껍질을 벗길 때 눈물이 나지 않는다.

토마토 껍질을 벗길 때
토마토를 불에 살짝 쬐거나 꼭지 반대편에 열십자로 칼집을 내어 끓는 물에 데치면 껍질이 잘 벗겨진다.

오이를 얇게 썰 때
칼의 옆면에 테이프로 이쑤시개를 붙이고 썰면 오이가 달라붙지 않는다.

감자 싹을 예방하려면
감자는 사과와 함께 담아 보관하면 싹이 나오는 것을 방지할 수 있다. 사과에서 배출되는 에틸렌이 감자의 발아를 늦추기 때문에 한 달 정도 싹이 나지 않는다. 사과 한 개를 감자 사이사이에 묻듯이 넣으면 된다.

single-dish
PART 1.

황태, 고구마, 감자, 콩 등은
한꺼번에 많은 양을 구입해두고
먹는 재료들이다. 끼니마다 챙겨
먹기는 하지만 생각만큼 양이
줄지 않아 나중에는 버리기
십상이다. 고작 감자, 고구마는
쪄 먹고 콩은 밥에 섞어 먹는
정도라면 요리에 다양하게
활용해보자.

오래 두고 먹는 재료

contents

1 속 풀어주는 한 그릇
북엇국

명태를 말린 북어는 단백질과 아미노산이
풍부해 숙취 해소에 좋다. 전날 과음해서
속이 쓰릴 때 따끈한 북엇국 한 그릇을
먹으면 몸이 개운하다.

재료

북어채 2줌, 두부 ¼모, 무(지름 10cm
두께 1.5cm) 1토막(80g), 달걀 1개,
대파(12.5cm) 1대, 참기름·국간장 1큰술씩,
다진 마늘 1작은술, 소금 약간, 물 4컵

만들기

1. 두부는 사방 2cm 크기로 깍둑 썰고 무도 같은 크기
로 나박나박 썬다.

2. 북어채는 물을 조금씩 뿌려가며 적시고 대파는 송송
썬다.

3. 냄비에 참기름을 두르고 북어채를 넣어 약한 불에서
볶는다.

4. 무와 다진 마늘, 물을 넣고 국물이 뽀얗게 될 때까지
끓인다.

5. 국간장으로 간을 맞추고 두부, 대파를 넣어 한소끔
끓인 뒤 달걀을 풀어 돌려 붓는다.

plus tip

북어를 센 불에 볶으면
참기름이 탈 수 있다. 북엇국은
국간장으로 간을 맞추면
깊은 맛을 낼 수 있다.

1   3   4   5

2 북어도 국만 끓이지 말고
북어채무침

북어는 몸에 쌓인 독소를 배출해
간을 보호해준다. 간이 건강하면 피로감을
덜 느끼기 마련. 북어로 밑반찬을 만들어
맛과 영양을 챙기고 건강도 관리하자.

재료

북어채 2줌, 고추장 2큰술, 다진 파·매실청 1큰술씩,
다진 마늘·통깨 ½큰술씩, 고춧가루·참기름 1작은술씩

만들기

1. 북어채는 물에 불린 뒤 꼭 짜서 물기를 제거하고 먹기
좋은 크기로 뜯는다.

2. 볼에 고추장, 다진 파, 매실청, 다진 마늘, 고춧가루를
넣고 잘 섞는다.

3. 2의 양념에 북어채를 넣고 조물조물 버무린다.

4. 참기름과 통깨를 넣고 한번 더 버무린다.

plus tip

북어는 1월이 가장 맛있는 시기로
결이 부드럽고 도톰한 것으로 고른다.
물에 불린 북어에 시판 초고추장을
버무려 먹어도 맛있다.

1   2   4

3 감칠맛 나는 밑반찬
북어양념구이

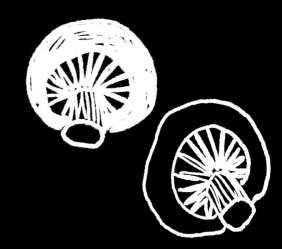

고단백, 저지방 식품인 북어로 밑반찬을
만들어두면 끼니때마다 반찬 걱정하지 않고
즐겨 먹을 수 있다.

재료

북어 1마리, 유장(참기름:간장=1:0.5) 2큰술, 물 적당량
양념 고추장·고춧가루·물엿·간장·맛술·다진 쪽파 1큰술씩,
설탕·참기름·다진 마늘 1작은술씩, 잣가루(또는 호둣가루)
약간

만들기

1. 북어는 머리와 지느러미를 떼고 껍질 쪽에 군데군데
   칼집을 낸다.

2. 북어에 물을 조금씩 부어 적신 뒤 꽉 짜서 물기를 없
   앤다.

3. 북어에 유장을 바르고 프라이팬이나 오븐에 넣어
   70% 정도 굽는다.

4. 볼에 분량의 양념 재료를 넣고 잘 섞어 3에 바르고
   약한 불에서 굽는다.

plus tip

북어를 물에 불릴 때 물을 너무 많이
부으면 살이 부스러질 수 있다. 물에 불려
촉촉해진 북어를 비닐백에 담아두면
살이 쫀득해진다. 불에 구울 때는 껍질
쪽(등)부터 구워야 북어가 말리지 않는다.

1 2 3 4

4 영양 듬뿍 담은 별미
북어나물죽

부드럽게 먹을 수 있어 속 불편한 날 아침식사로 적당하다. 이미 간이 된 나물을 활용하기 때문에 북어에 별다른 양념을 하지 않아도 된다.

재료

북어채·고사리무침·시금치나물 30g씩,
밥 ½공기, 참기름 1큰술, 국간장 1작은술,
소금·통깨 약간씩, 물 2컵

만들기

1. 북어채는 물에 불린 뒤 꽉 짜서 물기를 없앤다.

2. 냄비에 참기름을 두르고 북어채를 볶는다.

3. 2에 물을 붓고 끓으면 밥을 넣어 저어가며 끓인다.

4. 고사리무침과 시금치나물을 넣고 국간장, 소금으로 간을 맞춘 뒤 통깨를 넣는다.

plus tip

북어채는 물에 적셔놓으면 가시를 빼기 쉽다. 또 달걀을 풀어 넣으면 고소하고 담백하게 즐길 수 있다.

1   2   3   4

5 시대를 뛰어넘는 메뉴

잔치국수

결혼식과 같이 좋은 날 먹었던 잔치국수는
따뜻한 멸치국물에 소면을 말아먹는 메뉴다.
황태를 함께 넣고 끓여 국물이 더욱 진하고
깊은 맛이 난다.

재료

북어채 ½줌, 소면 80g
국물 멸치(국물용) 10마리, 양파 ¼개, 대파(7cm) 1대,
청양고추 1개, 다진 마늘 1작은술, 소금 약간,
다시마(3×4cm 크기) 2장, 물 6컵
고명 양파 ⅛개, 당근·애호박 ⅛개씩, 소금·후춧가루 약간씩,
식용유 1큰술

만들기

1. 북어채는 먹기 좋게 뜯어 마른 프라이팬에 멸치와 함께 볶아 비린내를 없앤다.

2. 고명으로 준비한 양파는 채 썰고 당근과 애호박은 5cm 길이로 얇게 채 썬다.

3. 냄비에 물 5컵을 붓고 1과 양파, 대파, 다시마를 넣고 청양고추는 씨를 털어 통으로 넣고 끓인다.

4. 10분간 끓인 다음 북어채, 멸치, 대파, 다시마, 청양고추는 건지고 다진 마늘과 소금을 넣어 간한다.

5. 프라이팬을 달궈 식용유를 두르고 2를 넣고 소금, 후춧가루를 넣어 볶는다.

6. 다른 냄비에 물을 붓고 끓으면 소면을 삶는다. 확 끓어오르면 물을 1컵 부어 거품이 넘치지 않도록 하며 2~3회 반복한 뒤 찬물에 헹군다. 그릇에 소면을 담고 4의 국물을 부은 뒤 5를 얹는다.

plus tip

국물을 우리는 데 사용한 북어채는
고명으로 올려도 좋다.

1   2   3   5

6 고구마와 치즈의 조화
고구마그라탱

고구마는 탄수화물과 칼륨, 식이섬유가 풍부한
대표적인 항암식품이다. 달콤하고 식감이
포슬포슬해 고소하고 쫀득한 치즈와
잘 어울린다.

재료

고구마(중간 크기) 2개, 버터 1큰술, 밀가루 ½큰술,
우유 1컵, 피자치즈 4큰술, 물 2큰술

만들기

1. 고구마는 깨끗이 씻어서 껍질째 세로로 2등분한 뒤
2cm 폭으로 썬다.

2. 비닐백에 고구마를 넣고 물을 넣어 전자레인지에 4분간
돌린다.

3. 작은 프라이팬에 버터를 녹이고 밀가루를 넣어 볶다
가 우유를 붓고 졸인다.

4. 그라탱 용기에 고구마를 담고 3의 소스를 부은 뒤
피자치즈를 올린다. 전자레인지에 2분간 돌리거나
200℃로 예열한 오븐에 5분간 굽는다.

plus tip

입맛에 따라 싱거울 경우 우유를 붓고
졸일 때 소금을 약간 넣는다.

1 2 3 4

7 고구마와 단호박만 있다면
고구마단호박칩

배는 부르지만 과자를 먹고 싶을 때,
입이 심심해서 뭔가 먹고 싶을 때 칼로리
걱정 없이 먹을 수 있는 메뉴다. 별다른
양념은 필요 없고 고구마와 단호박만 있으면
된다.

재료

고구마 1개, 단호박 ¼통

만들기

1. 고구마와 단호박은 깨끗이 씻어서 껍질채 모양을 살려 얇게 썬다.

2. 납작한 접시에 키친타월을 깔고 1을 올린다.

3. 전자레인지에 넣어 4분간, 뒤집어서 3분간 돌린다.

plus tip

굽는 시간은 재료의 두께에 따라
조절한다. 얇게 썰었을 경우
총 7분이면 충분하다.

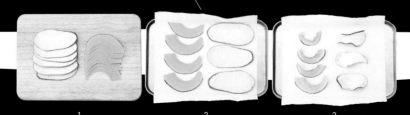

1   2   3

8 오징어와 미역으로 만드는 별미
오징어미역초무침

오징어와 미역을 함께 먹으면 열량은 낮고
포만감은 높아 다이어트 식단으로 우수하다.
여름철 입맛 없을 때 새콤하게 즐기기에도 좋다.

재료

오징어 ½마리, 오이 ¼개, 불린 미역 1줌,
홍고추 ½개, 소금·통깨 약간씩
양념 식초·매실청 1큰술씩, 다진 마늘 1작은술

만들기

1. 오이는 모양대로 채 썰어 소금에 5분간 절인다. 불린 미역은 먹기 좋게 썰고 홍고추는 길게 어슷 썬다.

2. 오징어는 껍질을 벗긴다.

3. 냄비에 물을 붓고 끓으면 오징어를 넣어 데친다.

4. 오징어를 건져 링 모양으로 썬다.

5. 볼에 오징어와 1을 담고 양념을 넣어 버무린 뒤 통깨를 뿌린다.

plus tip

오징어는 굵은소금을 손가락에 쥐고
껍질을 벗기면 쉽게 벗길 수 있다. 또는
키친타월로 껍질을 문지르면서 벗긴다.

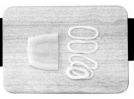

1   2   4   5

브런치 vs. 맥주 안주

브런치포테이토

국이나 찌개, 전골을 끓일 때 자주 쓰는
감자를 주재료로 한 메뉴다. 감자는
비타민 C와 칼륨이 풍부해 나트륨 배출
효과가 높기 때문에 짠맛이 강한 베이컨,
허니머스터드와 함께 먹어도 걱정 없다.

재료

알감자 10개, 양송이버섯 3개, 베이컨 3줄,
올리브유 2큰술, 로즈메리 1줄기, 허니머스터드 3큰술,
소금·후춧가루 약간씩

만들기

1. 알감자와 양송이버섯은 2등분하고 베이컨은 얇게 썬
다.

2. 프라이팬을 약한 불에 올리고 베이컨을 노릇하게 구
운 뒤 키친타월로 눌러 기름을 뺀다.

3. 다른 프라이팬을 달궈 올리브유를 두르고 알감자를
볶다가 양송이버섯, 로즈메리를 넣고 소금, 후춧가루
를 넣어 볶는다.

4. 볼에 2의 베이컨을 담고 허니머스터드를 넣어 섞은
뒤 3을 넣어 함께 버무린다.

plus tip

베이컨은 약한 불에서 볶아야
기름이 잘 빠진다. 알감자는 볶기
전에 끓는 물에 7~8분간 삶으면
포실포실한 식감을 살릴 수 있다.

1   2   3   4

10 걸쭉하게 끓인 투박한 찌개

감자버섯고추장찌개

단백질과 비타민, 식이섬유가 풍부하고
항암 효과도 뛰어난 버섯은 주변에서
쉽게 구할 수 있다. 가을이 제철인 각종 버섯을
탄수화물과 비타민 C가 풍부한 감자와 함께
요리했다.

재료

감자 1개, 표고버섯 3개, 느타리버섯 1줌, 팽이버섯 ⅓봉,
대파 1대, 청양고추·홍고추·양파 ½개씩,
다시마(3×4cm 크기) 3장, 물 3컵
양념 고추장 3큰술, 다진 마늘·고춧가루 1큰술씩,
소금·후춧가루 약간씩

만들기

1. 냄비에 물을 붓고 다시마를 넣어 끓으면 다시마를 건지고 불을 꺼 국물을 우린다.

2. 감자는 껍질을 벗기고 반으로 토막을 낸 후 1cm 간격으로 썬다.

3. 표고버섯은 4등분하고 느타리버섯과 팽이버섯은 먹기 좋은 크기로 찢는다. 대파와 고추는 길게 어슷 썰고 양파는 먹기 좋은 크기로 썬다.

4. 1의 다시마국물에 양념을 넣어 고루 푼 뒤 양파, 감자를 넣어 끓인다.

5. 4에 3의 버섯, 대파, 고추를 넣고 한소끔 끓인다.

plus tip

표고버섯은 갓의 표면이 갈색을 띠며
균열이 있는 것, 갓이 두툼하게 안으로 말린
것을 고른다. 느타리버섯은 갓과 기둥이
탄력 있고 윤기가 흐르는 것, 팽이버섯은
크림색에 뿌리 부분의 색이 변하지 않은
것으로 구입한다.

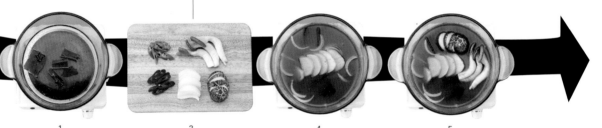

1   3   4   5

11 제철에 끓이면 더 맛나요
참치감자조림

요리에 다양하게 활용할 수 있어 인기 식재료로
꼽히는 감자, 갓 수확해 단맛과 아삭함이
최고에 이른 양파를 활용한 메뉴다. 감자와
양파는 6~10월이 제철이며 참치통조림을
넣으면 단백질도 챙길 수 있다.

재료

참치통조림(중) 1캔, 감자 3개, 양파 ½개, 소금 약간
양념 간장 4큰술, 마늘 3쪽, 맛술·매실청 1큰술씩,
올리고당·후춧가루 약간씩, 다시마(3×4cm 크기) 2장,
물 2컵

만들기

1. 참치는 체에 밭쳐 기름기를 빼고 감자는 껍질을 벗기고
   깍둑 썰어 모서리를 둥글게 다듬는다. 양파는 3cm 폭
   으로 채 썰고 마늘은 껍질을 까서 편으로 썬다.

2. 냄비에 물을 붓고 소금을 넣어 끓이다 감자를 넣고
   60% 정도 삶아 건진다.

3. 다른 냄비에 물과 다시마를 넣고 끓기 직전 다시마를
   건지고 다른 양념 재료를 넣어 섞고 감자, 양파를 넣
   어 끓인다.

4. 참치를 넣고 한소끔 끓인다.

plus tip

오래 끓이면 채소끼리 부딪쳐
모서리가 으깨지면서 국물이
탁해진다. 채소는 모서리를 둥글게
다듬어야 지저분해지지 않는다.

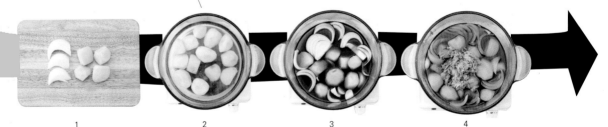

1   2   3   4

12 아삭한 밑반찬

마늘종마른새우볶음

성질이 따뜻해 혈액순환과 수족냉증에 좋은
마늘종은 마른새우와 함께 조리하면 부족한
단백질과 칼슘을 섭취할 수 있다.

재료

마늘종 15줄기, 마른새우 ½컵, 진간장 2큰술,
맛술·매실청 ⅔큰술씩

만들기

1. 마늘종은 새끼손가락 길이로 썰고 마른새우는 체에 받쳐 잡티를 제거한다.

2. 냄비에 물을 붓고 끓으면 마늘종을 넣어 살짝 데쳐 건진다.

3. 프라이팬에 마늘종을 넣고 진간장, 맛술, 매실청을 넣어 볶는다.

4. 수분이 나오면 마른새우를 넣고 볶는다.

plus tip

마늘종은 굵기가 일정하고 단단한
것으로 고른다. 흐르는 물에 깨끗이
씻어 먹기 좋은 길이로 썰어서
조리한다.

1 2 3 4

13 입맛 살리고 기운 돋우고
콩샐러드

새콤하게 만든 콩샐러드는 식물성단백질이
풍부하고 칼로리는 낮아 다이어트에
효과적이다. '밭에서 나는 쇠고기'라 불릴
정도로 고단백질 식품인 콩은 성인병 예방과
노화 방지에도 도움이 된다.

재료

콩 2컵, 레몬즙·올리브유 2큰술씩, 소금 1작은술,
후춧가루 ⅓작은술, 물 2컵

만들기

1. 콩은 종류별로 준비해 물에 담가 12시간 이상 불린다.

2. 볼에 레몬즙과 올리브유를 넣고 소금과 후춧가루를
   넣어 섞는다.

3. 냄비에 물을 붓고 소금을 약간 넣어 끓으면 1의 콩을
   넣고 15~20분간 삶는다.

4. 콩을 건져 따뜻할 때 2를 넣고 버무려 하루 정도 재운
   다.

plus tip

콩을 삶을 때 물이 끓으면서 넘칠 수
있다. 그때마다 뚜껑을 열면 시간도
더 걸리고 비린내가 날 수 있으므로
콩의 양보다 2배 이상 큰 냄비에 삶는
것이 좋다.

1

3

4

14

반짝반짝 빛나는 밑반찬

콩자반

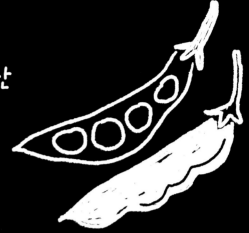

대표적인 블랙푸드인 검은콩은 탈모와
빈혈 예방, 두뇌 발달에 효과적이며
칼륨이 많이 함유돼 있어 콜레스테롤과
혈압을 낮춰준다. 항암 효과도 뛰어난
검은콩의 영양성분을 그대로 담은 반찬.

재료

검은콩 1½컵, 간장·물엿 ½컵씩, 통깨 약간, 물 5컵

만들기

1. 볼에 간장과 물엿을 넣고 섞는다.

2. 냄비에 콩을 담고 콩이 잠길 정도로 물 3컵을 부은 뒤
센 불에서 끓어오르면 약한 불에서 15분 이상 삶는
다.

3. 삶은 콩을 건져 다른 냄비에 담고 물 2컵을 붓고 1을
넣어 30~40분간 조린 다음 통깨를 뿌린다.

plus tip

검은콩을 삶을 때는 콩이 잠길 만큼
물을 붓고 물이 부족하면 수시로
더 붓는다.

1   2

15

마음까지 따뜻해지는
쇠고기미역국

생일은 물론 출산 후 산후조리하는 산모에게
좋은 미역국. 양지머리를 넣고 끓으면 국물이
더욱 구수하고 깊은 맛이 난다. 미리 끓여놓은
후 하루 지나서 데워 먹으면 더욱 맛있다.

재료

불린 미역 50g, 쇠고기(양지머리) 100g,
참기름·다진 마늘 1큰술씩, 국간장 1~1½큰술, 물 4컵

만들기

1. 불린 미역은 찬물에 2~3번 헹궈 체에 밭쳐 물기를 뺀다.
쇠고기는 양지머리로 준비해 먹기 좋은 크기로 썬다.

2. 냄비에 미역과 참기름을 넣고 달달 볶다가 쇠고기와
다진 마늘을 넣어 볶는다.

3. 물 1컵을 붓고 끓이다가 국물이 뽀얗게 되면 국간장
과 물 3컵을 넣고 끓인다.

plus tip

마른 미역을 물에 불리면
양이 많아지기 때문에 물을
조금씩 넣어가며 불리는
것이 좋다.

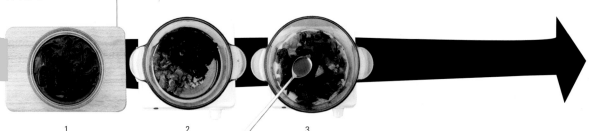

1   2   3

16 잘 어울리는 한 쌍
우엉연근조림

우엉과 연근은 식이섬유가 풍부한
뿌리채소다. 섬유질과 비타민, 무기질이
풍부하며 변비를 예방하고 거친 피부를
개선하는 데 효과적이다. 간장과 올리고당을
넣고 조려 단맛과 풍미를 높였다.

재료

우엉 1뿌리(100g), 연근 ½개, 간장 ½컵,
다시마(3×4cm 크기) 2장, 물 2컵, 올리고당 4큰술

만들기

1. 우엉은 껍질을 벗긴 뒤 한입 크기로 저며 썰고 연근은 껍질을 벗기고 반달 모양으로 썬다.

2. 냄비에 간장, 다시마, 물을 넣고 끓이다 끓어오르기 직전에 다시마를 건진다.

3. 2에 우엉과 연근을 넣고 거품을 제거하면서 조린다.

4. 3이 3분의 1 정도로 졸면 올리고당을 넣고 마저 조린다.

plus tip

우엉과 연근은 감자 깎는 필러로 껍질을
벗기면 편하다. 우엉은 편으로 썰거나
도톰하게 연필 깎듯이 돌려가며 썬다.
껍질을 벗기는 순간 갈변 현상이 일어나므로
식촛물에 담가놓는다.

1

2

날씨 좋은 날 야외로 피크닉을 떠날 때 빼놓을 수 없는 것이 바로 도시락이다.

신선한 재료로 만들어 건강에도 좋다. 간단하고 예쁘게 만들 수 있는 도시락 메뉴.

1 소풍 가고 싶은 날
파르메잔샌드위치

재료

닭가슴살
1덩어리(100~120g),
토마토 ½개, 식빵 3장,
소금·후춧가루 약간씩,
올리브유 2큰술,
치커리·양상추·마요네즈
적당량씩

소스

파르메잔치즈가루 2큰술,
마요네즈 3큰술, 파슬리가루·
다진 마늘·핫소스 1작은술씩

만들기

1. 닭가슴살은 소금, 후춧가루로 밑간한 뒤 올리브유를 뿌려 30분간 재운다.

2. 프라이팬을 달궈 1을 넣고 노릇노릇하게 구워 결대로 찢는다.

3. 볼에 소스 재료를 넣어 잘 섞는다.

4. 3에 2의 닭가슴살을 넣고 고루 버무린다.

5. 토마토는 둥근 모양을 살려 슬라이스하고 치커리, 양상추를 식빵 크기로 준비한다.

6. 마른 프라이팬에 식빵을 구워 한쪽 면에 마요네즈를 바르고 4의 닭가슴살과 5의 손질한 채소를 차례대로 올린 뒤 식빵을 올린다.

plus tip

파르메잔치즈가루와 핫소스는
피자를 배달해 먹고 남은 것을
활용하면 좋다.

1

2

4

5

6

BONUS

스페셜 데이트 메뉴

RECIPE

홍합은 겨울철이면 살이 통통하게 올라 더욱 맛이 좋다. 짜지 않고 담백한 맛이 나는 토마토 소스와 잘 어울린다.

2 화려하고 맛깔나게
토마토 홍합찜

재료

홍합 500g(냉면 그릇 가득),
대파(12.5cm) 1대,
레몬 ½개씩, 물 1L

소스

토마토·양파 ½개씩, 마른고추
1개, 올리브유·다진 마늘
1큰술씩, 토마토 소스 2컵,
화이트 와인 2큰술, 드라이 바질
1작은술, 홍합 삶은 국물 1컵

만들기

1. 홍합은 껍데기에 붙은 이끼 등을 떼어내고 깨끗이 손질한 후 비벼가며 씻는다.

2. 대파는 2등분하고 토마토와 양파는 잘게 다진다. 마른고추는 2~3조각 낸다.

3. 냄비에 홍합을 담고 물을 홍합 양의 2배 분량으로 붓고 대파, 레몬을 넣어 끓인다.

4. 홍합이 입을 벌리면 체에 밭쳐 식히고 국물은 따로 둔다.

5. 냄비에 올리브유를 두르고 열이 오르면 2의 양파와 마른고추, 다진 마늘을 넣고 볶는다.

6. 5에 나머지 소스 재료를 넣고 조린다.

7. 홍합을 넣고 잘 뒤적인 후 뚜껑을 덮어 5분간 익힌다.

plus tip

홍합은 조개와 달리 따로 해감할
필요가 없다. 껍데기에 붙어 있는
불순물과 껍데기 사이에 있는 수염을
제거하고 홍합 껍데기끼리 비벼가며
물에 깨끗이 씻는다.

2   3   5   6   7

BONUS

스페셜 데이트 메뉴

RECIPE

Gourmet Land

느끼한 요리 같지만 소스의 달콤한 맛 때문에 자꾸 생각나는 메뉴다. 굳이 레스토랑에 가지 않아도 이탤리언 레스토랑 셰프처럼 카르보나라를 만들 수 있다.

3 입에 착 감기는 그 맛
카르보나라

재료

파스타 면 70g, 베이컨 3장,
양파 ½개, 양송이버섯 3개,
마늘 3쪽, 올리브유 2큰술,
소금·통후추·파슬리가루 약간씩,
물 2~3컵

소스
생크림·우유 ⅔컵씩

만들기

1. 볼에 생크림과 우유를 붓고 잘 섞는다.

2. 베이컨과 양파는 1cm 폭으로 채 썰고 양송이버섯은 모양대로 썬다. 마늘은 껍질을 벗기고 편으로 썬다.

3. 냄비에 물을 붓고 끓어오르면 소금 약간, 올리브유 1큰술을 넣고 파스타 면을 삶는다. 생면은 3~4분, 건면은 6분 30초~7분간 삶아 체에 밭친다.

4. 프라이팬을 달궈 올리브유 1큰술을 두르고 마늘을 볶아 향을 낸 뒤 양파를 넣어 볶는다.

5. 베이컨과 양송이버섯을 넣고 볶는다. 1의 소스를 붓고 조리다 소금으로 간을 맞춘 뒤 3의 파스타 면을 넣고 1분~1분 30초간 조린다.

6. 접시에 5를 담고 파슬리가루와 통후추를 페퍼밀로 갈아 뿌린다.

plus tip

생크림과 우유를 잘 섞은 뒤 12시간 동안 숙성시키면 더 깊은 맛이 난다. 접시에 카르보나라를 담고 취향에 따라 파르메잔치즈가루와 달걀노른자를 올려 먹어도 좋다.

2   3   4   5

BONUS

스페셜 데이트 메뉴

RECIPE

조개를 듬뿍 넣은 봉골레파스타는 만들기 간단하면서도 근사하게 차려낼 수 있어 데이트 메뉴로 인기 만점이다. 먹기 직전에 올리브유를 살짝 뿌리면 한결 풍미가 좋다.

4 집에서 외식하는 것처럼
봉골레파스타

재료

파스타 면 70~80g,
모시조개 10~12개, 방울토마토
4개, 마늘 3쪽, 페페론치노(또는
태국고추) 2개, 올리브유 3큰술,
소금·후춧가루 약간씩,
그라나 파다노치즈가루(또는
파르메잔치즈가루) 1큰술,
바질(또는 파슬리) 10g,
소금물 5컵(소금 1큰술, 물 5컵)

만들기

1. 모시조개는 소금물에 담가 해감한 후 깨끗이 씻는다.

2. 방울토마토는 세로로 2등분한다. 마늘은 편으로 썰고 페페론치노는 2~3등분한다.

3. 냄비에 물을 80%가량 붓고 끓어오르면 올리브유 1큰술과 소금 약간을 넣고 파스타 면을 넣어 6분 30초~7분간 삶아 체에 밭친다.

4. 프라이팬을 달궈 올리브유 1큰술을 두르고 마늘과 페페론치노를 넣어 타지 않게 볶으면서 향을 낸다.

5. 1의 모시조개를 넣고 3의 파스타 면 삶은 물을 2~3큰술 넣어 조개가 입을 벌릴 때까지 익힌다.

6. 모시조개가 입을 벌리면 삶은 파스타 면과 2의 방울토마토를 넣고 1~2분간 볶는다.

7. 소금, 후춧가루로 간을 맞추고 그라나 파다노치즈가루, 올리브유 1큰술, 바질을 넣는다.

plus tip

모시조개를 해감할 때 소금물의 농도를 바닷물과 같은 염도로 짭조름하게 맞추고 뚜껑을 덮어 어둡게 하면 시간을 절약할 수 있다. 또 파스타 면 삶은 물 대신 화이트 와인을 넣으면 잡내를 없앨 수 있다.

1   2   3   4   5

BONUS

스페셜 데이트 메뉴

RECIPE

브루스케타란 바게트에 치즈, 과일, 채소, 소스 등을 얹는 이탈리아 요리다. 애피타이저나 간단한 간식으로 애용되며 와인과도 찰떡궁합을 자랑한다.

5 연말 홈파티를 위한 핑거 푸드
브루스케타

재료

호두 20g, 피스타치오 10g,
마른살구(또는 건포도,
말린 과일)·방울토마토 2개씩,
건크랜베리 15g,
크림치즈 5½큰술,
마늘바게트 10조각

만들기

1. 호두, 피스타치오는 부수고 마른살구는 잘게 썬다. 방울토마토는 2등분한다.

2. 볼에 호두와 피스타치오, 마른살구, 건크랜베리를 담고 크림치즈를 넣어 섞는다.

3. 마늘바게트에 2를 바르고 1의 방울토마토를 올린다.

plus tip

버터 1큰술을 전자레인지에 1분간
가열해 녹인 뒤 다진 마늘 ½큰술을
섞어 바게트 빵에 바른다. 파슬리가루를
송송 뿌리고 전자레인지나 오븐에
구우면 마늘빵이 완성된다.

single-dish
PART 2.

혼자 사는 싱글은 육류나 해산물을
구입하려면 망설여진다. '과연
다 먹을 수 있을까'란 생각이
들기 때문. 신선도가 중요하기
때문에 구입한 후 며칠 이내에
먹어야 하는 육류나 해산물 등을
알뜰하게 먹을 수 있는 방법을
소개한다.

유통기한 짧은 재료

contents

1 홈메이드 데리야키 소스로 맛을 낸

데리야키치킨

요리할 때 흔히 사용하는 소스는
필요할 때마다 하나 둘씩 구입하지만
다 쓰기 전에 유통기한이 지나기 일쑤다.
한두 번 해먹을 거라면 집에서 직접 소스를
만들어보자. 데리야키 소스를 만들어 넣고
조려 시판 치킨보다 더 맛있다.

재료

닭다릿살 130g, 양배춧잎 2장, 식용유 2큰술,
소금·후춧가루 약간씩
소스 양파 ¼개, 대파(12.5cm) 1대, 마늘 1쪽,
진간장·청주 2큰술씩, 설탕·맛술 1큰술씩

만들기

1. 닭다릿살은 살만 발라내서 포크로 군데군데 찌른 다음 소금, 후춧가루로 밑간한다.

2. 양배춧잎은 얇게 채 썬다. 소스 재료인 양파는 1cm 폭으로 채 썰고 대파는 2등분한다. 마늘은 껍질을 깐다.

3. 볼에 소스 재료를 넣고 섞는다.

4. 프라이팬을 달궈 식용유를 두르고 1의 닭다릿살과 3을 넣고 조린다. 닭다릿살이 70~80% 익으면 접시에 담고 양배춧잎을 곁들인다.

plus tip

닭다릿살이 소스에 절어 윤기가 흐르고
소스의 양이 반 이상 줄 때까지 조린다.
닭다릿살을 발라낼 때는 닭다리 뒷부분에
칼집을 넣어 뼈와 살을 분리하면 쉽게
발라낼 수 있다.

1

2

3

2 면역력 높이는 영양밥
닭다리뿌리채소밥

고단백 식품인 닭가슴살에 우엉, 연근,
당근 등 섬유질과 비타민, 무기질이
풍부한 뿌리채소를 넣어 만든 메뉴로
면역력이 떨어졌을 때 건강식으로 손색없다.

재료(2인분)

닭다릿살 60g, 불린 쌀 1컵, 우엉 ⅓뿌리(35g), 연근·당근
⅒개씩, 은행 6개, 소금물(소금 2큰술, 물 2컵) 2컵, 밀가루
1작은술, 식용유 1큰술, 소금·후춧가루 약간씩, 물 ½컵
소스 진간장·맛술 2큰술씩, 후춧가루 약간,
다시마(3×4cm 크기) 2장, 물 1컵

만들기

1. 닭다릿살은 사방 2cm 크기로 썰고 우엉, 연근, 당근
   은 필러로 껍질을 벗긴다. 연근과 당근은 은행잎 모양
   으로 썬다.

2. 우엉은 반으로 갈라 얇게 썰어 소금물에 담그고 닭다
   릿살은 소금, 후춧가루로 간한 뒤 밀가루를 묻힌다.

3. 프라이팬에 식용유 ½큰술을 두르고 은행을 넣어 약
   한 불에서 볶는다.

4. 다른 프라이팬을 달궈 식용유 ½큰술을 두르고 닭다
   릿살을 노릇노릇 볶다가 연근, 당근, 우엉을 넣고 볶
   는다. 기름기가 없어지면 물 1큰술을 넣어 볶는다.

5. 냄비에 소스 재료를 넣고 양이 절반 이상 졸아들 때
   까지 끓인 다음 4를 넣어 끓인다.

6. 돌솥에 쌀을 담고 물 ½컵을 부어 끓인다. 밥이 다 되
   면 5의 소스와 3의 은행을 올려 뜸을 들인다.

plus tip

은행을 프라이팬에 올리고 약한 불에서
볶은 다음 키친타월로 감싸서 비비면 껍질이 쉽게
벗겨진다. 또 밥을 지을 때는 돌솥에 불린 쌀을
담고 물을 부어 센 불에 끓이다가 끓어오르면 약한
불로 줄여 5분 이상 뜸을 들인다.

1   2   4   6

3 입맛 도는 한 그릇 식사
수삼냉채

피로 회복과 면역력 강화에 탁월한 효과가
있는 수삼에 단백질이 풍부한 닭가슴살을 넣어
영양을 보충할 수 있는 메뉴다. 원기 회복을
돕는 수삼냉채를 먹음직스럽게 만들어보자.

재료
닭가슴살 1덩어리(100~120g), 부추 ⅓단, 주황색·노란색
파프리카 ⅛개씩, 수삼 1뿌리, 소금·후춧가루 약간씩
소스 통깨 2큰술, 마요네즈 1½큰술, 설탕 1큰술,
식초·간장 2작은술씩, 참기름 1작은술

만들기

1. 부추는 4~5cm 길이로 썰고 파프리카도 비슷한 길이
로 얇게 채 썬다. 수삼은 깨끗이 씻어 부추와 비슷한
길이로 썬다.

2. 닭가슴살은 소금, 후춧가루를 뿌려놓는다.

3. 끓는 물에 닭가슴살을 삶아 잘게 찢는다.

4. 통깨를 곱게 갈아 볼에 담고 나머지 소스 재료를 넣
어 섞는다.

5. 볼에 1의 부추, 파프리카, 3의 닭가슴살을 담고 소스
를 넣어 버무린 다음 1의 수삼을 올린다.

plus tip

통깨를 곱게 갈아 마요네즈, 식초, 설탕, 간장,
참기름을 넣고 섞으면 시판 참깨소스 맛이 난다.
일반 샐러드 채소와도 잘 어울리므로 여러모로
활용도가 높다.

1   2   3   4   5

4 보양식의 진리

황기삼계탕

복날이면 생각나는 메뉴이지만 생닭을
손질하는 것부터 엄두가 나지 않는다.
영양가 높은 삼계탕을 집에서도 쉽고
간단하게 끓이는 방법을 소개한다.

재료

닭 1마리, 햇반 ½개, 황기 2줄기, 대파(10cm) 1대,
마늘 8쪽, 소금·후춧가루 약간씩, 물 4컵

만들기

1. 닭은 껍질 안쪽과 몸통 속에 있는 기름 덩어리를 잡아당겨 깨끗이 제거한다. 날개를 일자로 펴고 구부러지는 첫 마디와 꽁지를 가위로 잘라낸다.

2. 황기는 7cm 길이로 자른다. 대파는 송송 썰고 마늘은 껍질을 까서 준비한다.

3. 닭의 뱃속에 2의 황기 2~3개, 마늘 3쪽, 햇반을 넣고 다리를 교차시켜 실로 묶는다.

4. 압력밥솥에 닭을 담고 물, 마늘 5쪽, 나머지 황기를 넣고 끓기 시작하면 15분 이상 끓인다. 냄비로 조리할 경우 30분 이상 끓인다.

5. 2의 대파를 넣고 소금, 후춧가루로 간을 맞춘다.

plus tip

닭은 제대로 익지 않으면 질기다.
마늘, 황기를 넣으면 영양 면에서도 좋지만
닭고기 특유의 비린내도 제거할 수 있다.
닭육수가 남으면 햇반을 넣어 죽을 끓여도 좋다.

1   3   4

5 포장마차의 인기 술안주
닭모래집마늘볶음

쫄깃한 식감의 닭모래집은 포장마차에서 자주
즐기는 메뉴. 마늘과 양파, 청양고추를 넣어
잡냄새는 없애고 매콤한 맛을 살렸다. 취향에
따라 참기름을 곁들여 먹어도 좋다.

재료

닭모래집 400~500g, 마늘 10쪽, 양파 ½개, 청양고추 1개,
식용유 1큰술, 소금·후춧가루 약간씩

만들기

1. 마늘은 껍질을 까서 2~3등분하고 양파는 삼각형으로 썬다. 청양고추는 어슷 썬다.

2. 냄비에 물을 붓고 끓으면 닭모래집을 넣어 데쳐 건진다.

3. 프라이팬을 달궈 식용유를 두르고 마늘과 양파를 넣어 볶다가 청양고추를 넣어 볶는다.

4. 3에 2를 넣고 볶다가 소금, 후춧가루로 간한다.

plus tip

닭모래집은 끓는 물에
1분 30초~2분 정도 데치면
닭 비린내를 제거할 수 있다.

1   2   3   4

6 푸짐하게 즐기는
닭볶음탕

닭볶음탕은 어려워 보이지만 의외로
요리 초보도 쉽게 만들 수 있는 요리다.
국물 몇 스푼에 밥을 비벼 먹으면
그야말로 꿀맛이다.

재료

닭(닭볶음용) 1마리, 양파(작은 것)·감자 1개씩,
당근 ½개, 단호박 ¼개, 청주 1큰술, 소금·후춧가루 약간씩,
식용유 2큰술, 물 2컵
양념장 진간장 3큰술, 고춧가루 2큰술, 물엿·맛술 1큰술씩,
다진 마늘·굴소스 ⅔큰술씩

만들기

1. 양파는 한입 크기로 썬다. 감자, 당근, 단호박은 한입
   크기로 썰어 모서리를 둥글게 다듬는다.

2. 손질된 닭을 물에 헹군 뒤 볼에 담고 청주, 소금, 후춧
   가루를 넣고 밑간해 재워둔다.

3. 다른 볼에 양념장 재료를 넣고 섞는다.

4. 프라이팬을 달궈 식용유를 두르고 2의 닭을 넣어 볶
   는다.

5. 3의 양념장을 넣고 볶다가 물을 부어 20분간 끓인
   다음 1의 채소를 넣고 조린다.

plus tip

닭의 비린내가 심한 경우
끓는 물에 데치거나 우유에
10분 정도 담근 뒤 사용한다.

1   2   3   4   5

카레 향이 솔솔
닭가슴살카레볶음밥

다이어트한다고 닭가슴살로 연명하다

닭이 돼버릴 것 같다고? 카레를 더해 매콤한

맛을 살리면 퍽퍽한 닭가슴살도 맛있게 먹을 수

있다.

재료

닭가슴살 1덩어리(100~120g), 밥 1공기,
홍·청 피망 ⅛개씩, 양파 ⅓개, 파인애플 링 1개,
양송이버섯 2개, 소금·후춧가루 약간씩, 올리브유 1큰술,
카레가루 1½작은술

만들기

1. 피망, 양파, 파인애플은 사방 1cm 크기로 썰고 양송
   이버섯은 사방 2cm 크기로 썬다.

2. 닭가슴살은 사방 2cm 크기로 썰어 소금, 후춧가루를
   뿌린 뒤 프라이팬을 달궈 올리브유를 두르고 볶는다.

3. 닭가슴살이 노릇하게 볶아지면 1을 모두 넣어 볶는다.

4. 밥을 넣고 카레가루를 뿌려 한번 더 볶는다.

plus tip

카레가루를 넣으면 생선 비린내, 고기
누린내를 없앨 수 있다. 화학조미료 대신
사용하면 감칠맛을 낼 수 있지만, 많이
넣으면 카레 맛이 너무 강하게 날 수 있다.

1   2   3   4

8 영양은 풍부하고 속은 편안한

닭고기달걀죽

닭고기와 달걀은 저지방·고단백 식품으로
영양이 풍부해 여름철 기력을 회복하는 데
도움이 된다. 속이 부대끼고 쓰릴 때,
으슬으슬 감기 기운이 있을 때도 안성맞춤이다.

재료

닭가슴살 150g, 불린 쌀 1컵, 달걀 1개, 다진 실파 1큰술,
소금·후춧가루·진간장 약간씩, 물 2컵

만들기

1. 닭가슴살은 끓는 물에 데쳐 결대로 찢는다.

2. 불린 쌀은 지퍼팩에 넣고 밀대로 밀어 으깬다.

3. 냄비에 1의 닭가슴살을 담고 물을 부은 뒤 2의 쌀을 넣어 약한 불에서 저어가며 끓이다 소금, 후춧가루를 넣는다.

4. 달걀을 풀어 넣고 한소끔 끓여 그릇에 담고 다진 실파를 올린 다음 기호에 따라 진간장으로 간을 한다.

plus tip

쌀을 불린 뒤 으깨면 입자가 고와진다.
쌀 알갱이가 완전하게 풀어져 먹기
좋다. 진간장을 넣어 간을 맞추면 더욱
깊은 맛이 난다.

1   2   3   4

잡내가 사라졌다
돼지고기생강조림

생강과 마늘을 넣어 돼지고기 특유의
잡내를 없앴다. 국물이 약간 남을 때까지
자작하게 조리면 돼지고기에 소스가
배어들어 맛이 좋다.

재료

돼지고기(목살) 300g, 대파(12cm) 1대, 마늘 2쪽,
생강 1작은술, 소금·후춧가루 약간씩
소스 진간장·청주 3⅓큰술씩, 설탕·맛술 5작은술씩

만들기

1. 돼지고기는 소금, 후춧가루를 뿌리고 프라이팬에 올려 양면을 노릇하게 굽는다.

2. 대파는 2등분하고 마늘은 껍질을 깐다. 생강은 편으로 썬다.

3. 프라이팬에 소스 재료와 2를 넣고 조리다가 1을 넣고 3~5분간 조린다.

plus tip

생강에는 진저롤, 마늘에는 알리신
성분이 들어 있어 생선의 비린내와
육류의 누린내를 없애준다. 살균작용이
뛰어나 회를 먹을 때 곁들여도 좋다.

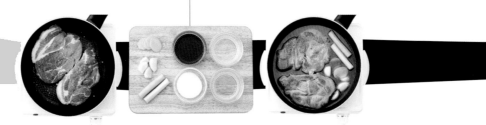

1   2   3

10 삼겹살 색다르게 즐기기
차슈덮밥

일본식 가정 요리로, 돼지고기를
간장 양념에 조린 덮밥이다. 달콤하면서
매콤하고 개운한 초생강을 곁들여
돼지고기의 누린내와 잡내가 나지 않는다.

재료

돼지고기(삼겹살) 230g, 밥 1공기, 양파 ⅛개, 마늘 3쪽,
대파(30cm) 1대, 쪽파 1뿌리, 초생강 5장
소스 청주·진간장 3큰술씩, 맛술·설탕 2큰술씩

만들기

1. 양파는 채 썰고 마늘은 편으로 썬다. 대파 20cm 1대
는 6cm 길이로 썰고 돼지고기는 대파와 비슷한 길이
로 썬다.

2. 남은 대파는 가늘게 채 썰어 얼음물에 담가 매운맛을
뺀다. 쪽파는 송송 썰고 초생강은 채 썬다.

3. 프라이팬에 소스 재료를 넣고 끓이다가 1을 모두 넣
고 조린다.

4. 그릇에 밥을 담고 3의 돼지고기를 올리고 2의 대파와
쪽파, 초생강을 올린다.

plus tip

고기를 먹기 좋게 토막 내면 간이
쉽게 배기 때문에 간장의 양을
줄이거나 오래 조리지 않아도 된다.

1

2

3

11 속이 편안해지는

쇠고기뭇국

단백질이 풍부한 쇠고기는 비타민 C와
식이섬유, 칼슘이 풍부한 무와 궁합이
잘 맞는다. 무가 가장 맛있는 시기인 겨울철,
무겁고 단단한 것으로 골라 뭇국을 끓여보자.

재료

쇠고기(국거리용) 85g, 무(지름 10cm 두께 3cm)
1토막(140g), 대파(12.5cm) 1대, 소금·후춧가루·참기름
약간씩, 국간장 1작은술, 다진 마늘 1큰술, 물 5컵

만들기

1. 무는 한입 크기로 저며 썰고 대파는 어슷 썬다.

2. 쇠고기는 키친타월에 올리고 눌러 핏물을 뺀다.

3. 냄비에 쇠고기를 담고 소금, 후춧가루, 참기름을 넣어
볶은 후 쇠고기의 핏기가 없어지면 물을 붓는다.

4. 1의 무를 넣고 끓이다가 중간중간 떠오르는 거품을
걷어내고 국간장으로 간을 맞춘다.

5. 1의 대파와 다진 마늘을 넣고 한소끔 끓인다.

plus tip

쇠고기는 키친타월에 올려
꾹꾹 눌러 핏물을 빼면 누린내를
제거할 수 있다. 불순물도 적게
나와 맑은국을 끓이기에 좋다

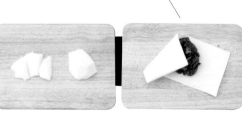

1

2

3   4

12 누구나 좋아하는 별미
불고기

버섯을 듬뿍 넣고 간장 양념에 볶아낸
일품요리. 볼에 양념 재료를 모두 섞은 뒤
불고기를 넣고 버무려 재우는 것이 포인트다.

재료

쇠고기(불고깃감) 300g, 양송이버섯 3~4개,
맛타리버섯 1줌, 팽이버섯 ½봉지, 표고버섯 3개,
양파 ½개, 대파(20cm) 1대
양념 진간장·다진 파 3큰술씩, 설탕·다진 마늘 2큰술씩,
매실청·참기름 1큰술씩, 후춧가루 약간

만들기

1. 버섯은 모양을 살려 먹기 좋은 크기로 썬다. 양파는 채 썰고 대파는 어슷 썬다.

2. 쇠고기는 키친타월로 핏물을 닦은 후 양념 재료를 섞어 넣고 조물조물 무쳐 재워둔다.

3. 프라이팬에 기름 없이 쇠고기를 볶다가 1의 양송이버섯과 맛타리버섯, 표고버섯, 양파를 넣고 볶는다.

4. 쇠고기가 90% 정도 익으면 팽이버섯과 대파, 다진 파를 넣고 한번 더 볶는다.

plus tip

쇠고기는 하루 이틀 이내에 먹을
것은 랩에 싸서 냉장고에 보관하고,
이틀 이상 보관할 경우 한번 먹을
양만큼 나눠 냉동 보관한다.

1

2

3

13 일본식 쇠고기덮밥

규동

가쓰오부시 국물을 직접 우려 넣어 더 깊고 진한 맛이 난다. 달콤하고 짭짤한 소스를 곁들이면 쇠고기의 식감과 풍미가 더욱 뛰어나다.

재료

쇠고기(샤부샤부용) 200g, 밥 1공기, 양파 ⅓개, 당근 ¼개, 초생강 5장, 대파(10cm) 1대, 달걀 1개, 간장 1~2큰술

규동 소스 대파(5cm) 1대, 간장 1큰술, 청주 ½큰술, 설탕 1작은술, 소금 약간, 가쓰오부시 ½컵, 물 1½컵

만들기

1. 양파와 당근, 초생강은 가늘게 채 썰고 대파 10cm 1대는 길게 어슷 썬다.

2. 냄비에 규동 소스로 준비한 물을 붓고 끓어오르면 불을 끈 뒤 가쓰오부시와 대파 5cm 1대를 넣고 5분 지나면 체에 밭친다.

3. 쇠고기는 사방 5cm 크기로 썰고 규동 소스 재료인 간장과 청주, 설탕, 소금을 넣어 조물조물 버무린다.

4. 프라이팬에 2의 가쓰오부시 국물을 붓고 3의 쇠고기, 1의 양파와 당근을 넣고 끓이다 고기가 70% 정도 익으면 간장을 넣어 간을 맞춘다.

5. 볼에 달걀을 깨 넣고 5번 정도 휘젓는다. 4의 국물이 자작해지면 달걀을 둘러 넣고 1의 초생강과 대파를 넣는다 불을 끄고 밥 위에 올린다.

plus tip

가쓰오부시 국물을 낼 때는 물을 끓인 다음 불을 끄고 뜨거운 김이 올라올 때 가쓰오부시를 넣어 10분 정도 우려낸다. 불을 끄고 넣어야 쓴맛이 나지 않는다.

1   2   4   5

14 쇠고기와 버섯의 만남
쇠고기버섯샐러드

섬유질, 단백질, 비타민, 미네랄 등이
골고루 들어 있는 버섯은 영양학적으로
손색이 없다. 버섯, 쇠고기를 데리야키
소스에 볶아 감칠맛이 난다.

재료
쇠고기(불고깃감) 120g, 양송이버섯·표고버섯 2개씩,
맛타리버섯 1줌, 양파·파프리카 ¼개씩, 샐러드 채소 3컵,
올리브유·소금·후춧가루 약간씩, 다진 마늘 1작은술,
데리야키 소스 2큰술

만들기

1. 양송이버섯, 표고버섯은 채 썰고 맛타리버섯은 먹기
   좋게 손으로 찢는다. 양파와 파프리카는 2cm 간격으
   로 썰고 샐러드 채소는 먹기 좋게 썬다.

2. 쇠고기는 2cm 간격으로 썬다.

3. 프라이팬을 달궈 올리브유를 두르고 다진 마늘을 볶
   다가 쇠고기를 볶는다.

4. 3에 버섯을 넣고 소금, 후춧가루를 뿌려 볶다가 데리
   야키 소스와 양파를 넣고 볶는다.

5. 마른 프라이팬에 파프리카를 구워 샐러드 채소와 함
   께 접시에 올리고 5의 쇠고기를 올린다.

plus tip

버섯은 수분을 쉽게 흡수하므로
물에 씻거나 담가놓지 않는다.
버섯이 수분을 흡수하면 양념이
잘 배지 않고 맛과 향이 떨어진다.

1   2   3   4

15 고소한 맛이 입에 착 감기는
궁중떡볶이

입안이 얼얼한 고추장 양념 떡볶이는
중독될 정도로 맛있지만, 달달한 간장 양념으로
만든 궁중떡볶이는 또 다른 매력이 있다.

재료

떡볶이 떡 2컵, 쇠고기(불고깃감) 1컵(150~200g),
표고버섯 2개, 오이 ⅓개, 당근 ¼개, 양파 ½개,
간장 1큰술, 식용유·참기름 1작은술씩

만들기

1. 떡은 미지근한 물에 담가 불려놓는다.

2. 표고버섯과 오이, 당근은 채 썰고 양파도 길이로 채 썬다.

3. 프라이팬을 달궈 식용유를 두르고 당근을 넣고 볶다 가 표고버섯, 오이, 양파를 넣고 볶아 접시에 담는다.

4. 3의 프라이팬에 쇠고기를 넣고 볶다가 떡을 넣어 함 께 볶는다.

5. 4에 3의 채소를 넣고 간장으로 간한 다음 조린다. 마 지막에 참기름을 넣는다.

plus tip

물에 담가 불려놓은 떡을
끓는 물에 데치면 훨씬
부드럽고 담백하다.

1   2   3   5

16

반찬 걱정 없이 맛있는 한 끼

오삼불고기

삼겹살과 오징어를 매콤한 고추장 소스에
볶아 식탁에 올리면 별다른 반찬이 필요
없다. 상추와 깻잎을 곁들여 쌈을 싸먹으면
비타민도 섭취할 수 있어 영양도 맛도 모두
챙길 수 있다.

재료

오징어 ½마리, 돼지고기(삼겹살) 300g, 양파 1개,
마늘 5쪽, 대파(25cm) 1대, 깻잎 5장, 당근·애호박 ¼개씩
양념 고추장 3큰술, 진간장·굴소스 ½큰술씩,
고춧가루·물엿·매실청·다진 마늘 1큰술씩,
후춧가루 1작은술

만들기

1. 볼에 양념 재료를 넣어 잘 섞은 뒤 하루 정도 숙성시
킨다.

2. 오징어는 굵은소금이나 키친타월로 문질러가며 껍질
을 벗긴 다음 링 모양으로 썬다. 다리는 3~4cm 길이
로 썬다. 돼지고기는 먹기 좋은 크기로 썬다.

3. 양파는 길이로 채 썰고 마늘은 편으로 썬다. 대파는
4~5cm 길이로 썰고 깻잎은 가로로 3등분한다. 당근
은 반달썰기하고 애호박은 씨를 제거하고 먹기 좋은
크기로 썬다.

4. 볼에 2와 양파, 마늘, 당근, 애호박을 담고 1을 넣어 버
무린 뒤 프라이팬에 올려 센 불에서 볶는다.

5. 센 불에 볶다가 익으면 3의 대파와 깻잎을 넣고 한 번
더 볶아 그릇에 담아낸다.

plus tip

볶음 요리는 센 불에 재빨리 볶아 그릇에
담아내야 물기가 생기지 않는다.

1   2   3   4

17 DHA와 비타민 C의 만남
고등어무조림

등 푸른 생선인 고등어는 두뇌 발달과
동맥경화 예방 효과가 있다. 비타민 C가 풍부한
무는 소화를 촉진하고 장내 노폐물을 제거해
고등어의 영양을 보완해준다.

재료
고등어 1마리, 무 ⅓개, 감자 1개, 양파·홍고추·청양고추
½개씩, 대파(5cm) 1대
양념 맛술 4큰술, 간장 3큰술, 고춧가루 2큰술, 다진
마늘·된장 1큰술씩, 다진 생강 1작은술, 물 1½컵

만들기

1. 볼에 양념 재료를 넣고 섞는다.

2. 고등어는 손질해서 4등분한다.

3. 무는 껍질을 벗기고 반으로 갈라 1cm 두께로 썰고
   감자도 껍질을 벗기고 1cm 두께로 썬다. 양파는 3등
   분하고 고추와 대파는 송송 썬다.

4. 냄비에 무→감자→고등어→양파 순으로 넣고 1의 양
   념을 고루 끼얹어 10분간 조린다.

5. 고추와 대파를 넣고 한번 더 조린다.

plus tip

무는 사용할 분량만 토막 내고
나머지는 흙이 묻은 채 보관해야
오랫동안 신선하다.

1

2

4

18 한번 먹으면 또 생각나는
두부조림

간장과 고춧가루, 맛술 등 여러 재료를
섞어 만든 양념을 넣고 두부를 조려 맛이
일품이다. 만들기 쉽고 푸짐하게 즐길 수
있다.

재료

두부 ½모, 당근 ⅒개, 양파 ¼개, 대파(5cm) 1대,
통깨 약간
양념 간장 2큰술, 고춧가루·맛술 1큰술씩,
다진 마늘 ½큰술, 물 ½컵

만들기

1. 볼에 양념 재료를 넣어 잘 섞는다.

2. 두부는 1~1.5cm 두께로 큼직하게 썬다. 당근과 양파
   는 채 썰고 대파는 송송 썬다.

3. 프라이팬에 두부를 올리고 1의 양념을 끼얹어가며 조
   린다.

4. 두부에 양념이 배면 당근, 양파, 대파를 넣는다.

5. 5분가량 더 조린 후 통깨를 뿌린다.

plus tip

조릴 때는 센 불에서 끓이다가 끓으면
조림 국물이 재료 속까지 배도록 약한
불로 줄여 조린다.

1   2   3   4

고향의 맛

두부채소된장찌개

강된장처럼 빡빡하게 끓여낸 된장찌개도
맛있지만, 다소 심심한 듯 맑게 끓인
된장찌개도 매력적이다. 멸치다시마 국물에
갖은 채소와 버섯, 두부를 넣어 국물 맛이
최고다.

재료

두부 ¼모, 표고버섯 2개, 감자 ½개, 애호박·양파·
풋고추·홍고추 ¼개씩, 된장 4큰술, 고춧가루 1큰술
국물 멸치 5마리, 다시마(3×4cm 크기) 2장, 물 5컵

만들기

1. 냄비에 물을 붓고 멸치, 다시마를 넣어 끓이다 끓어오
르기 직전에 다시마를 건지고 센 불에서 팔팔 끓인다.

2. 두부는 사방 3cm 크기로 썰고 표고버섯은 0.5cm
두께로 채 썬다. 감자는 1cm 두께로 썬 뒤 2등분한
다. 애호박은 1cm 두께로 썰어 십자로 4등분하고 양
파는 애호박과 비슷한 크기로 썬다. 고추는 3cm 길
이로 채 썬다.

3. 볼에 된장을 넣고 1의 국물을 약간 넣어 잘 푼다.

4. 1의 국물이 끓으면 멸치를 건지고 2의 감자, 애호박,
양파와 3을 넣어 끓이다 고춧가루를 풀고 두부와 표
고버섯, 고추를 넣고 끓인다.

plus tip

멸치국물을 낼 때에는
멸치를 물에 넣고 센 불에서
한번 팔팔 끓여야
비린내가 나지 않는다

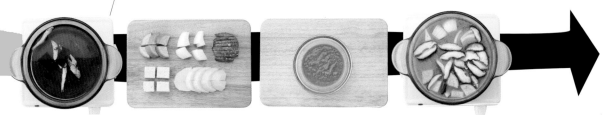

1   2   3   4

20 비타민과 단백질이 필요할 때
시금치두부무침

비타민 A와 C, 칼슘, 철분이 풍부한 시금치는
변비와 빈혈 예방에도 효과적이다. 매번
나물로 무치거나 된장을 풀어 국을 끓였다면
담백한 두부와 함께 색다르게 조리해보자.

재료

시금치 7포기, 두부 ½모, 대파(10cm) 1대, 홍고추 ⅕개,
다진 마늘·참기름 2작은술씩, 국간장 1작은술,
통깨 1큰술, 소금 약간

만들기

1. 냄비에 물을 붓고 끓으면 소금을 약간 넣고 시금치를
   넣어 살짝 데친 뒤 찬물에 헹궈 물기를 짠다.

2. 두부는 칼등으로 으깬 뒤 마른 팬에 볶아 수분을 날
   린다.

3. 대파는 다지고 홍고추는 얇게 채 썬다. 데친 시금치는
   뿌리 부분을 다듬는다.

4. 볼에 시금치를 담고 다진 마늘, 국간장, 소금을 넣어
   조물조물 무친다.

5. 2의 두부를 넣고 대파, 홍고추, 통깨, 참기름을 넣어
   버무린다.

plus tip

'삶다'는 물에 감자나 고구마
등을 넣고 오랫동안 푹 끓이는
것을 말하며, '데치다'는
시금치나 냉이처럼 연한 재료를
끓는 물에 살짝 담갔다가
꺼내는 것을 말한다.

1

2

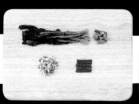

3

5

21 입안이 개운하다

채소피클과 호박피클

채소피클 재료

오이 1개, 노란색·빨간색 파프리카 ½개씩
소스 양조식초 1컵, 설탕 ⅔컵, 소금 ⅔큰술,
피클링스파이스 1큰술

만들기

1. 오이와 파프리카는 1cm 폭으로 길쭉하게 채
   썬다.

2. 냄비에 식초, 설탕, 소금을 넣고 한번 끓어오
   르면 피클링스파이스를 넣고 5분 정도 약한
   불에서 끓인다.

3. 2의 소스를 식혀 거름망에 거른다. 용기에 오이,
   파프리카를 세워서 넣고 소스를 부어 재운다.

호박피클 재료

돼지호박(주키니) 1개, 소금 2큰술
소스 양조식초 1컵, 설탕 ⅔컵, 소금 ⅔큰술,
피클링스파이스 1큰술, 강황가루(또는 카레가루) 약간

만들기

1. 돼지호박은 반달 모양으로 얇게 썰어 소금에
   절인다.

2. 절인 돼지호박은 10분 뒤에 물에 한번 헹군 뒤
   꼭 짜서 물기를 제거한다.

3. 냄비에 식초, 설탕, 소금을 넣고 한번 끓어오르
   면 피클링스파이스를 넣고 5분 정도 약한 불에
   서 끓인다.

4. 3의 소스를 식혀 거름망에 거른다. 용기에 1의
   돼지호박을 담고 소스를 부은 뒤 강황가루를
   넣고 잘 저어 보관한다.

plus tip

피클링스파이스는 여러
항신료가 섞여 있어 피클을
남길 때 사용하면 편리하다.

채소피클 1　　　　　2　　　　　3　　　　　호박피클 1　　　　　4

피자를 배달해 먹을 때 딸려오는
피클에는 엄청난 양의 설탕과 소금이 들어 있다.
초여름에 나오는 오이를 비롯해
각종 채소로 상큼하고 아삭한 피클을 만들어보자.

22 알콕달콕 윤기가 좌르르
파프리카버섯볶음

색깔이 선명한 파프리카에는 비타민 C가
딸기의 4배, 시금치의 5배가 들어 있다.
샐러드에 넣어도 맛있지만 기름과도
잘 어울리므로 볶음 요리에도 활용한다.

재료

노란색·빨간색 파프리카 1개씩, 새송이버섯 4개, 양파 ½개,
올리브유·들깻가루 2큰술씩, 소금·후춧가루 약간씩

만들기

1. 파프리카는 씨를 제거하고 0.5cm 폭으로 길게 썬다.
새송이버섯과 양파는 1cm 폭으로 길게 썬다.

2. 프라이팬을 달궈 올리브유를 두른 뒤 1을 넣고 소금,
후춧가루를 뿌려 볶는다.

3. 불을 끄고 들깻가루를 넣어 뒤적인다.

plus tip

파프리카는 물기가 있으면 상하기
쉬우므로 먹기 직전에 깨끗이 씻어
꼭지를 떼어내고 요리에 활용한다.
남은 파프리카는 물기를 거두고 비닐백에
담아 보관한다.

1   2   3

23 비타민이 필요할 때

시래기된장무침

가을에 무청을 햇볕에 말려 저장했다가
삶은 시래기를 된장 양념에 무친 요리다.
겨울철에 먹으면 더욱 맛있다.

재료

삶은 시래기 2줌, 들기름 1큰술
양념 된장 2큰술, 다진 마늘 ⅔큰술, 다진 파 1큰술,
국간장 1작은술, 고추장·고춧가루 약간씩

만들기

1. 시래기는 물기를 꼭 짜고 4~5cm 길이로 썬다.

2. 볼에 양념 재료를 넣어 고루 섞는다.

3. 프라이팬을 달궈 들기름을 두르고 1의 시래기를 넣어
   볶다가 2의 양념을 넣고 살짝 볶는다.

plus tip

시래기는 된장과 잘 어울려 구수한
맛을 내고 된장에 부족한 비타민을
보충해준다.

1

2

3

24 양파밖에 없다면

양파잼

양파는 웬만한 요리에 두루 쓰이기 때문에 망에 담긴 양파를 구입하는 경우가 많지만, 생각보다 양이 빨리 줄지 않는다. 양파잼을 만들면 고기를 먹을 때 곁들여도, 빵에 올려 먹어도 좋다.

재료

양파 1개, 설탕 1큰술, 후춧가루 약간, 레드 와인 1컵

만들기

1. 양파는 길이로 가늘게 채 썬다.

2. 프라이팬에 기름을 두르지 않고 양파를 볶는다.

3. 양파가 갈색으로 변하면 설탕, 후춧가루를 넣는다.

4. 레드 와인을 넣고 조린다.

plus tip

양파는 콜레스테롤 농도를 저하시키며 항산화 작용이 뛰어나고 소화를 촉진해 육류와도 잘 어울린다. 망사자루에 담긴 상태로 서늘하고 바람이 잘 통하는 곳에 둔다.

1

2

3

닭고기는 양념을 곁들여 먹고, 진하게 우러난 육수에는 칼국수를 넣어 끓이면 훌륭한 보양식이자 별미가 된다.

1 칼칼한 여름 별미
닭칼국수

재료(2인분)

닭 1마리, 칼국수 300g,
깐 마늘 10쪽, 양파 ½개,
소금·후춧가루 약간씩,
물 10컵
부추겉절이 양념

부추 ½단, 액젓·통깨
1큰술씩, 다진 마늘 2작은술,
참기름·고춧가루 1작은술씩

만들기

1. 손질한 닭은 끓는 물에 넣어 3~4분간 데쳐 건진다.

2. 냄비에 데친 닭을 담고 물을 부은 뒤 마늘, 양파를 넣고 끓여 육수를 낸다.

3. 부추는 4~5cm 길이로 썰고 볼에 양념 재료를 섞어 겉절이 양념을 만든다.

4. 2의 닭을 건져 부추 겉절이를 곁들여 낸다. 육수에 칼국수를 넣고 소금, 후춧가루로 간하여 익을 때까지 끓인다.

plus tip

닭칼국수는 조미료를 넣지 않아도 맛이 좋다.
특히 닭을 2~3마리 넣고 끓여야 국물이
진하고 더욱 맛이 좋으므로 여러 명이 함께
먹는 손님 초대 메뉴로 적당하다.

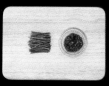

1   2   3   4

BONUS

타임 세일 식품 활용 메뉴

RECIPE

꽃빵과 함께 먹으면 맛의 조화가 일품인 고추잡채는 고추기름과 굴소스를 넣고 센 불에서
재빨리 볶아내는 것이 중요하다.

2 집들이 음식으로도 좋은 중화 요리
고추잡채

재료

돼지고기(등심) 150g,
홍·청 피망 ⅓개씩, 양파 ¼개,
마늘 2쪽, 생강 약간, 고추기름
2큰술, 진간장 1작은술,
굴소스 1큰술

만들기

1. 돼지고기는 얇게 썰린 잡채용으로 구입하거나 1cm
간격으로 썬다. 피망은 4~5cm 길이로 채 썰고 양파,
마늘, 생강은 채 썬다.

2. 프라이팬에 고추기름을 두르고 마늘, 생강을 넣어 볶
다가 진간장을 넣는다.

3. 2에 돼지고기를 넣고 볶다가 고기가 완전히 익으면
피망과 양파를 넣고 볶는다.

4. 굴소스를 넣고 센 불에서 재빨리 볶아낸다.

plus tip

볶음 요리나 육개장에 고추기름을
넣으면 매콤하고 칼칼한 맛이 나며
맑게 붉은색을 띤다.

1

2

3

4

매콤하고 칼칼한 냄새가 나는 순간 입안 가득 침이 고인다. 어느 음식점에 가서 먹어도 맛있는 제육볶음은 요리 초보도 기본으로 알고 있어야 하는 메뉴다.

3 사 먹는 것보다 더 맛있는
제육볶음

재료

돼지고기(앞다릿살) 200g,
양파 ½개, 풋고추·홍고추 ½개씩,
대파(25cm) 1대, 당근 ⅛개

양념

고추장 3큰술,
굴소스·매실청·다진 마늘
1큰술씩, 고춧가루·맛술
1작은술씩

만들기

1. 양파는 채 썰고 고추와 대파는 어슷 썬다. 당근은 1cm 간격으로 얇게 썬다.

2. 볼에 양념 재료를 넣어 섞은 뒤 양파와 돼지고기를 넣고 버무려 30분 이상 재워둔다.

3. 마른 프라이팬에 2를 넣어 약한 불에서 볶다가 수분이 나오기 시작하면 센 불에서 볶는다.

4. 돼지고기의 핏기가 없어지면 고추와 대파, 당근을 넣고 센 불에서 2~3분간 익힌다.

plus tip

제육볶음을 할 때는 불 조절이 중요하다. 처음에는 약한 불로 볶다 재료의 수분이 적당히 나오기 시작할 때 불을 세게 하면 기름을 적게 넣어도 요리가 타지 않는다. 요리에 익숙할 경우 프라이팬을 뜨겁게 달궈 센 불에서 빠른 시간에 볶아내면 훨씬 맛있다.

 1

3

4

BONUS

타임세일 식품 활용 메뉴

RECIPE

된장이 돼지고기의 잡내를 없애고 구수한 맛을 내 부담 없이 즐길 수 있다. 노릇노릇하게 구워 쌈채소와 곁들이면 푸짐한 한 끼 식사가 된다.

4 그냥 먹어도, 쌈은 싸먹어도 맛있는
맥적구이

재료

돼지고기(목살) 300g,
쌈채소 1줌, 대파(5cm) 1대
양념
대파(5cm) 1대, 양파 ⅒개,
된장 3⅓큰술, 물엿·맛술
1큰술씩, 다진 마늘 2작은술,
후춧가루 약간

만들기

1. 쌈채소는 한입 크기로 자르고 대파 1대는 얇게 채 썬다.

2. 양념에 쓸 대파와 양파는 곱게 다진다.

3. 볼에 2를 담고 남은 양념 재료를 넣고 섞는다.

4. 돼지고기는 포크로 군데군데 콕콕 찍는다.

5. 프라이팬에 돼지고기를 올리고 반 정도 구운 뒤 3의 양념을 발라가며 노릇하게 굽는다.

plus tip

고기를 포크로 군데군데 찍어 구멍을 내면 열을 가했을 때 고기가 수축하는 것을 막을 수 있다.

1   2   3   4   5

BONUS

타임세일 식품 활용 메뉴

RECIPE

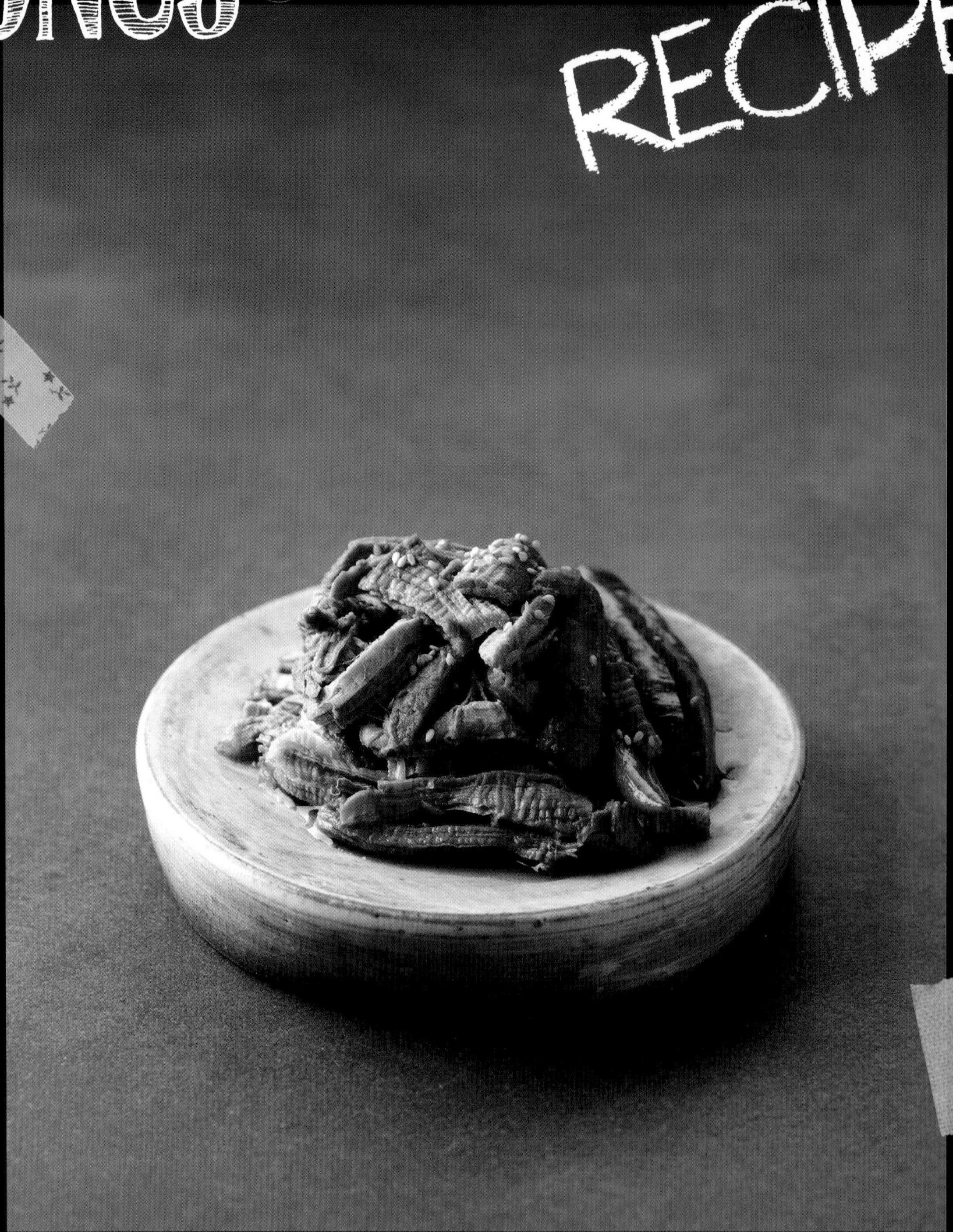

추억의 도시락 반찬, 장조림은 갓 조리해 따끈할 때 먹으면 맛있다. 고기는 물론 조림

국물에 밥을 비벼 먹다 보면 밥 한 그릇은 뚝딱 비울 것.

5

고소하게 맛을 낸
돼지고기장조림

재료

돼지고기(안심) 400g,
대파(20cm) 1대,
풋고추 1개, 마늘 5~7쪽(20g),
생강 1톨, 양파 ¼개

양념
간장 ¾컵, 맛술 3큰술,
매실청 2큰술, 물 3컵

만들기

1. 대파는 5cm 길이로 썰고 풋고추와 마늘은 반으로 가른다. 생강은 편으로 썰고 양파는 길이로 2등분한다.

2. 냄비에 양념 재료를 넣고 끓이다가 1을 넣고 끓인다.

3. 2가 끓어오르면 돼지고기를 넣고 뚜껑을 덮어 20분간 조린다.

4. 돼지고기가 익으면 건져 식힌 후 결대로 찢는다.

5. 밀폐용기에 4를 담고 3의 남은 소스를 부어 냉장고에 보관한다.

plus tip

매실청이 없을 경우 설탕 1큰술로
대체해도 된다. 돼지고기를
결대로 찢은 뒤 남은 소스에 다시
넣고 조려도 되지만 자칫 짠맛이
강해질 수 있다.

1

2

3

4

BONUS

타임세일 식품 활용 메뉴

RECIPE

아삭아삭한 식감이 매력적인 숙주는 쇠고기나 삼겹살, 오징어와 함께 조리하면 색다른 맛을 즐길 수 있다. 여름철 오징어가 제철일 때 숙주와 함께 요리하자.

6

아삭 숙주와 매콤 오징어의 만남
오징어숙주볶음

재료

오징어 ½마리, 숙주 3줌,
양파·청·홍 피망 ½개씩,
마늘 5쪽, 마른고추 3개,
식용유 1큰술, 데리야키 소스
3큰술, 굴소스 ½큰술

만들기

1. 오징어는 껍질을 벗기고 손질해 한입 크기로 썰어 끓는 물에 살짝 데친다. 숙주는 지저분한 것을 정리하고 흐르는 물에 씻는다.

2. 양파와 피망은 얇게 채 썰고 마늘은 편으로 썬다. 마른고추는 3등분한다.

3. 프라이팬을 달궈 식용유를 두르고 마늘을 볶아 향을 낸 다음 마른고추를 볶는다.

4. 3에 양파와 피망을 넣어 볶다가 1의 오징어를 넣어 살짝 볶은 다음 데리야키 소스와 굴소스를 넣는다.

5. 1의 숙주를 넣고 센 불에 재빨리 볶는다.

plus tip

숙주는 센 불에 볶아야 아삭거린다. 너무 익히면 식감이 좋지 않다.

1   2   4   5

타임세일 식품 활용 메뉴

7 해물을 넣어 시원한 국물
해물순두부찌개

재료

해산물 ½컵(오징어, 홍합 등),
순두부 ½팩, 팽이버섯 ⅛봉,
애호박 ⅓개(60g), 양파 ¼개(60g),
대파(3cm) 1대, 홍고추 ½개,
달걀 1개, 식용유(또는 고추기름)
1큰술, 다진 마늘 2작은술,
고춧가루 2큰술, 국간장 1작은술,
물 3컵

만들기

1. 해산물을 손질한다. 오징어는 한입 크기로 썰고 홍합은 수염을 떼고 흐르는 물에 껍데기를 비벼가며 씻는다.

2. 팽이버섯은 모양대로 썰고 애호박은 반달썰기하고 양파는 길이로 채 썬다. 대파와 홍고추는 송송 썬다.

3. 냄비에 식용유를 두르고 대파, 다진 마늘을 넣어 볶는다.

4. 3에 양파와 고춧가루를 넣고 볶는다.

5. 물을 붓고 끓이다가 국간장으로 간을 하고 애호박, 1의 해산물, 순두부를 넣고 끓인다.

6. 팽이버섯과 홍고추를 넣고 달걀을 깨 넣는다.

plus tip

물 대신 멸치국물이나
홍합국물을 넣으면 더욱
깊은 맛이 난다.

2

3

BONUS  타임 세일 식품 활용 메뉴

RECIPE

조개만으로도 개운하고 시원한 국물 맛을 낼 수 있기 때문에 별다른 양념이 필요 없다.

청양고추를 송송 썰어 넣어 국물이 시원하다.

8 깔끔하게 얼큰하다
조개탕

재료

백합(또는 동죽) 2컵,
청양고추·홍고추 ¼개씩,
다진 마늘 1작은술, 물 4컵

만들기

1. 백합은 소금물에 담가 해감한다.

2. 고추는 어슷 썬다.

3. 냄비에 1을 담고 물을 부은 뒤 다진 마늘을 넣고 끓인다.

4. 고추를 넣고 한소끔 끓인다.

plus tip

보통 마트에서 판매하는 조개는 해감한 것이다. 해감이 안 된 조개라면 바다와 비슷한 농도의 소금물(물 5컵 기준 굵은 소금 1큰술)에 조개를 넣고 어두운 곳에서 하루 정도 놔두면 조개가 뻘을 뱉어낸다. 끓이는 중간중간 떠오르는 거품을 걷어내면 좀 더 맑은 국물을 낼 수 있다.

1

3

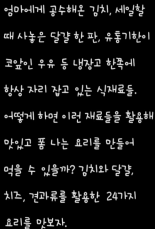

single-dish
PART 3.

엄마에게 공수해온 김치, 세일할 때 사놓은 달걀 한 판, 유통기한이 코앞인 우유 등 냉장고 한쪽에 항상 자리 잡고 있는 식재료들. 어떻게 하면 이런 재료들을 활용해 맛있고 폼 나는 요리를 만들어 먹을 수 있을까? 김치와 달걀, 치즈, 견과류를 활용한 24가지 요리를 맛보자.

냉장고에 쟁여놓고 먹는 재료

contents

1 부슬부슬 비 오면

김치전

비 오는 날 유난히 생각나는
김치전은 밤에 출출할 때 야식으로
먹기에 좋다. 김치국물을 넣어 반죽하되
너무 되지 않게 하는 것이 포인트.

재료

김치 ¼포기, 베이컨 1줄(20g), 부침가루 ½컵,
물 ¾컵, 식용유 1큰술

만들기

1. 김치는 소를 털어내고 송송 썬다. 베이컨은 2등분한다.

2. 볼에 부침가루를 넣고 물을 부어 잘 섞은 다음 김치를 넣고 반죽한다.

3. 프라이팬을 달궈 식용유를 두르고 2를 떠 넣어 고루 편 후 베이컨을 얹어 앞뒤로 노릇하게 굽는다.

plus tip

김치 맛이 더 나는 것을 좋아한다면 물
½컵, 부침가루 ½컵에 김치국물 ¼컵을
넣고 반죽한다. 식용유와 들기름을 1:1
비율로 두르고 전을 부치면 맛이 더
고소하고 향도 좋다,

1

2

3

2 기본 중의 기본

돼지고기김치찌개

오늘은 어떤 찌개를 만들지 고민스러울 때
끓여내면 100% 만족하는 메뉴. 단, 너무
오래 끓이면 김치가 흐물거리고 돼지고기
특유의 고소한 맛이 사라진다.

재료

돼지고기(목살) 150g, 김치 ¼포기, 대파(10cm) 1대,
홍고추·풋고추 ⅕개(3g)씩, 다진 마늘·고춧가루 1큰술씩,
물(또는 멸치국물) 4컵, 김치국물 ½컵

만들기

1. 대파와 고추는 길게 어슷 썰고 김치는 소를 털고 먹기
   좋은 크기로 썬다.

2. 돼지고기는 먹기 좋은 크기로 썬다.

3. 냄비를 달궈 돼지고기를 볶다가 기름이 나오면 다진
   마늘을 넣고 볶는다.

4. 1의 김치를 넣고 볶다가 고춧가루를 넣고 볶는다.

5. 물 1컵을 붓고 김치국물을 부어 끓인다. 국물이 졸면
   물 3컵을 부어 충분히 끓으면 대파와 고추를 넣고 불
   을 끈다.

plus tip

처음부터 물을 많이 넣으면 오랫동안
끓여야 하기 때문에 국물이 빨리
진해지지 않는다. 물을 조금씩
넣어가며 졸이면 빠른 시간에 김치의
감칠맛을 내기 좋다.

1

3

4

3 맛과 영양이 모두 풍부해졌다
김치치즈달걀말이

김치의 아삭하고 매운맛이 치즈의 고소한
맛과 잘 어울리며 김치에 간이 되어 있어
다른 양념을 넣지 않아도 된다.

재료

달걀 4개, 김치 ¼포기, 슬라이스 치즈 2장,
식용유 3큰술, 소금 약간

만들기

1. 볼에 달걀을 깨 넣고 소금을 넣어 포크로 고루 잘 섞는다.

2. 김치는 찬물에 씻어 물기를 꼭 짜고 송송 썬다.

3. 프라이팬에 식용유를 두르고 1을 반쯤 부어 조금 익으면 치즈와 김치를 얹는다.

4. 3을 천천히 굴려 돌돌 말아 한쪽에 밀어두고 남은 달걀물을 조금씩 부어가며 돌돌 만다.

plus tip

달걀을 풀어 체에 한번 거르면
알끈이 고루 풀리고 껍질이나
이물질을 걸러낼 수 있어 부드러운
계란말이를 완성할 수 있다.

1   2   3   4

4 숙취 다음 날
김치콩나물국밥

콩나물은 아스파라긴산과 섬유소가
풍부해 숙취해소 효과가 뛰어나다. 여기에
김치와 오징어를 다져 넣어 영양만점인
김치콩나물국밥은 과음한 다음 날 해장
요리로 그만이다.

재료

김치 ¼포기, 오징어 ⅓마리, 콩나물 50g,
풋고추·홍고추 ⅕개(3g)씩, 대파(4cm) 1대,
밥 ½공기, 달걀 1개, 고춧가루 1큰술, 다진 마늘 1작은술,
소금·김가루 적당량씩, 다시마(4×5cm 크기) 3장, 물 4컵

만들기

1. 김치는 찬물에 헹궈 물기를 꼭 짠 뒤 3cm 크기로 썰고 오징어는 1~2cm 크기로 다진다.

2. 콩나물은 꼬리를 다듬고 고추와 대파는 어슷 썬다.

3. 냄비에 물을 붓고 다시마를 넣어 끓어오르면 다시마를 건진다.

4. 김치를 넣어 5분 이상 끓인다.

5. 오징어, 고춧가루, 다진 마늘을 넣고 끓이다 소금으로 간한다.

6. 2를 넣고 한소끔 끓인다. 밥을 넣고 취향에 따라 달걀을 깨 넣고 김가루를 올린다.

plus tip

소금으로 간을 하면 깔끔한 맛이,
새우젓으로 간을 하면 깊은 맛이 우러난다.
오징어가 미끄러워 칼로 썰기 힘들다면
가위로 자른다.

1   2   4   5   6

5 파스타의 이색 변신

김치파스타

올리브유에 마늘을 노릇하게 구워 맛을 낸
알리오올리오 스파게티가 고소하고
깔끔한 맛이라면, 김치를 송송 썰어 넣은
김치파스타는 느끼하지 않은 우리식
파스타다.

재료

김치·파스타 면 70g씩, 베이컨 3줄(55g), 마늘 4쪽,
소금·올리브유 약간씩, 물 2컵

만들기

1. 김치는 찬물에 씻어 물기를 꼭 짠 뒤 1cm 크기로 썰고 베이컨도 1cm 크기로 썬다. 마늘은 편으로 썬다.

2. 냄비에 물을 붓고 끓이다 소금을 넣고 파스타 면을 넣어 6~7분간 삶는다.

3. 프라이팬을 달궈 올리브유를 두르고 마늘을 볶다가 김치와 베이컨을 넣어 2분간 볶는다.

4. 2의 삶은 파스타 면을 건져 3에 넣고 2의 국물 2큰술을 넣어 3분 정도 볶는다.

plus tip

파스타 면을 삶을 때 소금을 넣으면
면에 간이 배어 맛이 좋다.
또 파스타 면을 삶은 국물을 2큰술
정도 넣어 볶으면 면이 딱딱해지지
않고 간이 배인다.

1   2   3   4

굴소스로 감칠맛을 더한
해물볶음우동

칼슘, 타우린, 단백질이 풍부한 오징어와 새우,
비타민이 함유된 홍합, 당근, 피망 등을 넣어
영양소를 골고루 섭취할 수 있는 메뉴다.
오징어를 끓는 물에 한번 데친 뒤 볶아 물기를
없애는 것이 중요하다.

재료

우동 면 200g, 오징어 ¼마리(55g), 홍합 6개,
새우 4마리, 양파 ⅖개(65g), 돼지호박(주키니)
40g, 당근 ⅒개(10g), 청·홍 피망 ⅕개(20g)씩,
풋고추·홍고추 ½개씩, 마늘 5쪽, 고추기름 3큰술,
굴소스 2큰술, 소금·후춧가루 약간씩

만들기

1. 양파는 길게 채 썰고 돼지호박과 당근은 한입 크기로 얇게 썬다.

2. 피망은 삼각형으로 썰고 고추는 길게 어슷 썬다. 마늘은 편으로 썬다.

3. 오징어는 끓는 물에 데쳐 찬물에 담가 식힌 다음 링 모양으로 썰고 홍합은 껍데기를 깨끗이 씻는다.

4. 냄비에 물을 붓고 끓으면 우동 면을 넣어 30초 정도 삶아 건져 찬물에 헹군다.

5. 프라이팬을 달궈 고추기름을 두르고 마늘을 넣어 볶는다.

6. 오징어와 홍합, 새우, 소금, 후춧가루를 넣고 센 불에서 1~2분간 볶는다.

7. 1과 2의 피망을 넣고 2분간 볶는다.

8. 4의 우동 면과 굴소스를 넣어 3분간 볶은 뒤 소금, 후춧가루로 간을 맞춘다.

plus tip

볶음 요리를 할 때 불이 약하면 수분이
많이 나와 싱거워진다. 센 불에 볶아야
채소의 식감을 살릴 수 있고 맛도 좋다.

2   4   5   6   8

7 주말에 뭐 먹지?

김치토르티야피자

기름 없이 구워 담백한 토르티야는 냉장고 속
재료 몇 가지와 치즈만 올려 구우면
조리가 끝나는 만능 식재료다. 토르티야는
두께가 얇아 김치를 많이 넣으면 짠맛이
강해지므로 주의한다.

재료

김치 30g, 토르티야 1장, 양송이버섯 1개,
베이컨 ½줄(13g), 파인애플 링 ¼개(12g),
토마토 소스·통조림옥수수 2큰술씩, 피자치즈 ¼컵

만들기

1. 김치는 소를 털어 잘게 다지고 양송이버섯은 모양대로
썬다. 베이컨은 1cm 간격으로 썰고 파인애플은 사방
1cm 크기로 썬다.

2. 프라이팬을 약한 불에 올리고 토르티야를 놓은 뒤 토
마토 소스를 바른다.

3. 2에 통조림옥수수→양송이버섯→김치→파인애플→
베이컨 순으로 올린다.

4. 피자치즈를 올린 뒤 프라이팬 뚜껑을 덮고 약한 불에
서 5~7분간 피자치즈가 녹을 정도로 굽는다.

plus tip

전자레인지로 조리할 경우 3분,
오븐을 사용한다면 180℃에서
7분간 굽는다.

1   2   3   4

맛있게 양념해서 보드랍게 익힌

김치돼지고기두루치기

김치돼지고기두루치기를 만들어 식이섬유가
풍부한 쌈채소에 싸서 먹으면 부족한 비타민을
보충할 수 있다. 훌륭한 단백질 공급원인
두부와 곁들여 먹거나 밥 위에 올려 덮밥처럼
즐겨도 좋다.

재료

김치 ¼포기, 돼지고기(삼겹살) 125g, 깻잎 5장,
두부 ½모, 다진 마늘·고춧가루·설탕 1큰술씩, 통깨 약간

만들기

1. 김치는 3×1cm 크기로 썰고 돼지고기는 한입 크기
로 썬다. 깻잎은 가로로 길게 썬다.

2. 두부는 1cm 폭으로 썬다.

3. 프라이팬을 달궈 돼지고기를 볶다가 기름이 나오면
다진 마늘을 넣는다.

4. 김치와 고춧가루를 넣어 볶는다.

5. 김치가 익으면 설탕을 넣고 볶는다.

6. 깻잎을 넣고 뒤적여 마무리한 뒤 통깨를 뿌리고 2의
두부와 함께 곁들여 낸다.

plus tip

깻잎은 비타민 A와 C가
풍부하며 콜레스테롤이
증가하는 것을 막아줘 고기와
잘 어울린다. 잔털이 많아
이물질이 붙어 있기 쉬우므로
한장 한장 깨끗이 씻는다.

1

3

5

6

9

입에 착 감기는 요리
묵은지닭볶음탕

잘 익은 묵은지와 쫄깃하게 씹히는
닭고기의 궁합이 좋다. 단백질이 풍부한
닭고기를 비타민 A와 C, 철분, 칼슘이
풍부한 김치와 함께 먹으면 영양소를 고루
챙길 수 있다.

재료

닭(닭볶음용) 1마리, 묵은지 ½포기, 감자 2개, 양파 1개,
대파 ½대, 청양고추·홍고추 ⅓개(5g)씩, 올리브유 약간
소스 고추장 4큰술, 고춧가루·청주·매실청 2큰술씩, 물 2컵

만들기

1. 감자는 껍질을 벗기고 통째로 물에 담가 전분기를 뺀다. 양파는 4등분하고 대파와 고추는 어슷 썬다.

2. 냄비에 물을 붓고 끓으면 닭고기를 넣어 2~3분간 데쳐 건진다.

3. 냄비나 프라이팬을 달궈 올리브유를 두르고 2의 닭고기를 넣어 볶는다.

4. 볼에 물을 제외한 소스 재료를 넣어 잘 섞는다.

5. 3에 김치를 통째로 넣고 감자, 양파를 넣은 뒤 4의 소스와 물 2컵을 부어 35~40분간 끓인다.

6. 1의 대파와 고추를 넣는다.

plus tip

끓는 물에 닭을 데치면 핏물이 제거돼
닭 비린내를 없앨 수 있다. 재료를 모두
넣고 끓일 때 너무 자주 뒤적이면 감자가
으깨져 지저분해진다.

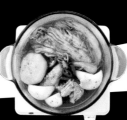

1   2   5   6

10 매콤 새콤 달콤! 군침이 돈다
김치비빔국수

레시피가 네 줄 이상 넘어가면 헷갈리고
요리하기 귀찮아지는 요리 초보도 손쉽게 만들
수 있는 메뉴다. 맛있게 익은 김치만 있다면
주말에 점심 한 끼를 해결하기에 그만이다.

재료

소면 100g, 김치 20g, 오이 ⅒개(15g)
양념장 고추장 2큰술, 물엿 1⅔큰술, 식초 1큰술,
설탕 2작은술, 참기름 약간

만들기

1. 냄비에 물을 넉넉히 붓고 끓으면 소면을 넣어 3분 30
초간 삶아 건져 찬물에 비벼가며 헹군다.

2. 김치는 소를 털어 잘게 다지고 오이는 채 썬다.

3. 볼에 양념장 재료를 넣어 잘 섞는다.

4. 그릇에 1의 소면을 담고 2를 올린 뒤 3의 양념장을
얹어 낸다.

plus tip

소면을 삶을 때 물이 끓어
넘치려고 하면 찬물을
붓는다. 면발이 탄력 있게
삶아진다.

1

2

3

11

해산물백김치유자냉채

매실, 레몬, 유자청의 상큼한 맛이 담백한
해산물과 잘 어울린다. 입맛 없을 때,
무더위로 축축 처질 때 먹으면 기운이 날 것.
냉장고에 30분 이상 재워 차게 먹으면 더욱
맛이 좋다.

재료

백김치 150g, 새우 5마리, 오징어 ½마리, 그린홍합 4개,
오이 ⅘개(80g), 무(지름 10cm 두께 1.5cm) 1개(65g),
레몬 ¼개, 소금물 적당량(물 1컵당 굵은소금 1큰술),
소금 약간, 물 5~6컵
소스 매실청 4큰술, 레몬즙 3큰술, 유자청·올리브유
2큰술씩, 간 마늘 1작은술, 간 생강 ½작은술,
소금·후춧가루 약간씩

만들기

1. 새우는 껍질과 머리, 꼬리를 떼고 오징어는 내장을 제
거하고 먹기 좋은 크기로 썬다. 그린홍합은 살만 발라
낸다.

2. 오이와 무는 채 썰어 소금물에 담가 절였다 건져서 물
기를 꼭 짠다. 레몬은 얇게 썰고 백김치는 길게 썬다.

3. 냄비에 물을 부어 끓으면 소금을 넣고 1을 데쳐 얼음
물에 담갔다 식으면 체로 건져 물기를 뺀다.

4. 볼에 소스 재료를 넣어 잘 섞는다. 그릇에 3의 해산물
과 2를 담고 소스를 부려 잘 섞는다.

plus tip

해산물을 데쳐 얼음물에 너무 오래
담가놓으면 해산물 고유의 맛이 빠지므로
열기가 식으면 바로 건진다. 오이와 무를
소금물에 절일 때 소금을 많이 넣었다면 물에
한번 헹궈 물기를 꼭 짜고 사용한다.

1

2

3

4

12 달콤함이 입안 가득
프렌치토스트

식빵과 달걀, 설탕, 우유만 있으면 만들 수
있는 메뉴로 입자가 고운 슈거파우더를 뿌려
더욱 먹음직스럽다. 설탕 대신 메이플시럽을
넣으면 부드럽게 달콤하며, 건강에도 좋다.

재료

식빵 1½장, 달걀 2개, 설탕 1½큰술, 소금 약간, 우유 ½컵,
버터 2큰술, 슈거파우더 2작은술

만들기

1. 볼에 달걀을 깨 넣고 설탕, 소금, 우유를 넣어 고루 섞
는다.

2. 식빵을 대각선으로 잘라 1에 담갔다 달걀물이 스며들
면 건진다.

3. 프라이팬을 달궈 버터 1큰술을 녹이고 2를 올려 중간
불에서 노릇노릇하게 굽는다.

4. 3의 식빵에 버터를 바르고 슈거파우더를 뿌린다.

plus tip

프렌치토스트를 먹을 때 사과나
배, 오렌지, 키위, 딸기 등 과일을
곁들이면 더욱 맛이 좋다.

1   2   3

13 이탈리아식 계란찜

프리타타

고소한 달걀과 치즈에 버섯, 시금치, 토마토의 식감이 더해져 한번 맛보면 반할 수밖에 없는 프리타타. 색감이 알록달록해 더욱 먹음직스럽다.

재료(2인분)

시금치 2~3줄기(50g), 방울토마토 5개, 프랑크 소시지 120g, 베이컨 2줄, 양송이버섯 2개, 달걀 4개, 체다치즈 30g, 통조림옥수수 2⅓큰술(35g), 올리브유·소금 약간씩, 우유 ¼컵

만들기

1. 시금치는 뿌리를 다듬어 씻은 뒤 냄비에 물을 끓여 소금을 약간 넣고 데쳐 찬물에 헹군다.

2. 방울토마토는 2등분하고 소시지는 2cm 길이로 썬다. 베이컨은 3~4cm 길이로 썰고 양송이버섯은 4등분한다. 체다치즈는 작게 다진다.

3. 프라이팬을 달궈 올리브유를 두르고 소시지, 베이컨을 볶다가 양송이버섯을 넣어 볶는다.

4. 볼에 달걀을 풀고 소금, 우유를 넣어 잘 섞은 뒤 3에 붓는다.

5. 4에 방울토마토→체다치즈→데친 시금치→통조림옥수수 순으로 올린다.

6. 프라이팬 뚜껑을 덮고 약한 불에서 은근하게 굽는다.

plus tip

우유 대신 물을 넣어도 되는데, 분량은 우유와 똑같이 ¼컵을 넣는다.

1 2 3 4 5

14 우리 집 브런치

토마토스크램블드에그

카페 브런치 메뉴도 집에서 만들면 저렴한
비용으로 해결할 수 있다. 주말 오전 예쁜
테이블 매트를 깔고 아메리카노까지 준비해
우아하게 브런치를 즐겨보자.

재료

토마토(작은 크기) 1개, 미니 양배추 3개, 새송이버섯 1개,
양송이버섯 1½개, 프랑크 소시지·달걀 2개씩,
올리브유 2큰술, 소금·후춧가루 약간씩

만들기

1. 토마토는 사방 1cm 크기로 다지고 미니 양배추는 2
등분한다. 새송이버섯은 엄지손가락 길이로 썰고 양
송이버섯은 4등분한다.

2. 프라이팬을 달궈 올리브유 1큰술을 두르고 새송이버
섯, 양송이버섯, 미니 양배추를 함께 넣고 소금·후춧
가루로 간하여 볶는다.

3. 소시지는 칼집을 내고 2에 넣어 굽는다.

4. 다른 팬을 달궈 올리브유 1큰술을 두르고 1의 토마토
를 넣어 볶다가 소금, 후춧가루를 넣어 간한다.

5. 4에 달걀을 풀어 넣어 스크램블드한다.

6. 접시에 3을 담고 5의 달걀을 올린다.

plus tip

스크램블드란 달걀을 젓가락으로 휘휘 저어가며
볶듯이 익히는 것을 말한다. 반숙 상태의 덩어리가
생기고 야들야들한 느낌이 나면 불을 끈다.

1   2   3   4   5

15 입안에서 사르르 녹는 부드러운 맛
일식달걀찜

푸딩처럼 탱글탱글하고 부드럽게 넘어가는
일식달걀찜은 찜통에 넣어 약한 불에 찌는 것이
비법. 달걀을 잘 풀어 체에 한번 거르면 더욱
부드럽다.

재료

달걀 2개, 맛술 1큰술, 소금·설탕 1작은술씩, 다시마(사방
5cm 크기) 4장, 물 1½컵

만들기

1. 냄비에 물을 붓고 다시마를 넣어 끓이다 끓어오르기
직전에 다시마를 건진다.

2. 볼에 달걀을 풀고 1의 다시마국물 1¼컵, 맛술, 소금,
설탕을 넣어 고루 섞는다.

3. 머그잔이나 밥공기에 2를 붓고 김이 오른 찜통에 넣
어 6~7분간 찐다.

plus tip

파, 버섯을 작은 크기로 썰어
넣거나 명란젓을 올려도 된다.

1   3

16 속 불편한 날에
게살달걀탕

중국식 수프인 게살달걀탕은 감칠맛 나는
다시마국물에 달걀을 풀어 넣어 목에
부드럽게 넘어갈 뿐 아니라 영양도 풍부하다.

재료

게살 30g, 달걀 2개, 표고버섯 1개, 양파 ¼개,
풋고추·홍고추 ½개씩, 대파(5cm) 1대(10g),
굴소스 1작은술, 소금·후춧가루 약간씩,
다시마(4×5cm 크기) 4장, 물 3컵

만들기

1. 냄비에 물을 붓고 다시마를 넣어 약한 불에서 끓이다
끓어오르기 직전에 다시마를 건진다.

2. 표고버섯은 얇게 썰고 양파는 길이로 채 썬다. 고추는
얇게 채 썰고 대파는 어슷 썬다. 게살은 손으로 찢어
놓는다.

3. 1이 끓어오르면 표고버섯, 양파를 넣고 끓인다.

4. 굴소스, 소금, 후춧가루를 넣어 간을 맞추고 게살을
넣는다.

5. 달걀을 풀어 넣고 한소끔 끓인다.

6. 2의 고추, 대파를 넣는다.

plus tip

끓이면서 중간중간 떠오르는 거품을
걷어내면 맑은국을 끓일 수 있다.
매운맛을 좋아하면 풋고추 대신
청양고추를 넣는다. 고추기름을 넣으면
칼칼하면서 매콤한 맛을 낼 수 있다.

1   2   3   4   5

17 어린 적 즐겨 먹던 엄마표 간식
에그샐러드

영양가 높은 완전식품 달걀은 주요리로도
활용할 수 있을 뿐만 아니라 다른 요리에
부재료로 넣기 때문에 활용도가 높다.
에그샐러드는 삶은 달걀이 많을 때 만들어 먹기
좋은 메뉴다. 마늘빵 위에 올려 타파스처럼
즐겨도 좋다.

재료

식빵 2장, 달걀 3개, 오이 ⅓개, 양파 ⅕개, 꽃소금 2큰술,
마요네즈·머스터드 소스 1큰술씩, 물 2컵

만들기

1. 오이와 양파는 크게 다져서 꽃소금 1큰술을 넣고 10
   분간 절인 다음 물기를 꼭 짠다.

2. 냄비에 물을 붓고 꽃소금 1큰술, 달걀을 넣어 삶는다.
   삶은 달걀을 찬물에 담갔다 껍질을 벗기고 볼에 담아
   포크로 으깬다.

3. 2에 오이, 양파, 마요네즈, 머스터드 소스를 넣고 섞
   는다.

4. 프라이팬을 달궈 식빵을 노릇하게 구워 접시에 담고
   3을 곁들인다.

plus tip

달걀을 삶을 때는 반숙을 원할 경우
물이 끓기 시작해서 8분, 완숙을 원할
경우 12분간 삶는다. 달걀은 찬물부터
넣어야 깨지지 않으며 소금을 약간 넣으면
껍질이 잘 벗겨진다.

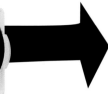

1   2   3   4

 **한번 만들면 반찬 걱정은 그만**

메추리알장조림

한입에 쏘옥 들어가는 메추리알장조림은 학창
시절 도시락 반찬으로 자주 먹었던 추억의
메뉴. 쇠고기나 버섯을 넣으면 영양이 더욱
풍부해진다.

재료

삶은 메추리알 250g, 마늘 3쪽, 양파 ½개, 꽈리고추 15개,
통깨 약간, 다시마(3×4cm 크기) 2장, 물 4컵
양념 진간장 4큰술, 맛술 2큰술, 매실청 1큰술

만들기

1. 마늘은 편 썰고 양파는 길이로 채 썬다.

2. 냄비에 물을 붓고 다시마, 마늘, 양파를 넣어 끓인다.

3. 볼에 양념 재료를 넣어 섞는다. 꽈리고추는 꼭지를 떼
고 이쑤시개로 군데군데 구멍을 낸다.

4. 2에 3의 양념을 넣고 끓인다.

5. 메추리알을 넣고 10~12분간 끓이다 양념이 배면 3의
꽈리고추를 넣고 3분간 더 조린 다음 통깨를 뿌린다.

plus tip

꽈리고추는 이쑤시개로 군데군데
구멍을 내면 양념이 더 잘 밴다.

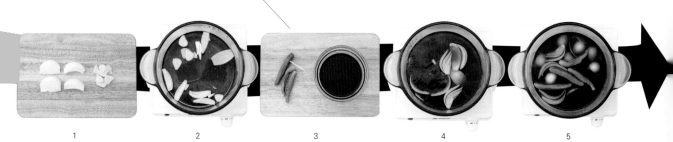

1 2 3 4 5

19 의외로 간단한
옥수수달걀참치전

톡톡 씹히는 옥수수 알갱이와 고소한 참치가
주재료로 식감이 뛰어나다. 통조림옥수수와
통조림참치가 남았을 때 10분 만에 완성할
수 있는 초간단 요리다.

재료

통조림옥수수 4큰술, 통조림참치 100g,
샐러드 채소 20g, 양파 ½개, 애호박 ¼개(44g),
당근 ⅕개(36g), 달걀 3개, 식용유 1큰술,
소금·후춧가루 약간씩

만들기

1. 통조림옥수수는 체에 쏟아 물기를 빼고 참치는 체에
   밭쳐 기름기를 뺀다. 샐러드 채소는 한입 크기로 썬
   다.

2. 양파, 애호박, 당근은 곱게 다진다.

3. 볼에 2의 다진 채소와 통조림옥수수, 참치를 담고 달
   걀을 깨 넣은 다음 소금, 후춧가루를 넣어 잘 섞는다.

4. 프라이팬을 달궈 식용유를 두르고 3을 떠 넣어 중간
   불에서 앞뒤로 노릇하게 구운 뒤 접시에 담고 1의 샐
   러드 채소를 곁들인다.

plus tip

채소를 다질 때는 칼등을 손으로
고정하고 다지면 쉽다. 푸드
프로세서를 이용해도 좋다.

1   2   3   4

20 먹을수록 중독되는 맛
진미채볶음

어머니가 반찬으로 조리하기 전에 양념을
안 해도 맛있다며 한 움큼씩 집어 먹던 것이
바로 진미채다. 새빨갛게 양념하고 통깨를 뿌린
진미채볶음은 따뜻할 때 먹어도, 냉장고에 차게
두고 먹어도 맛있다.

재료

진미채 3줌, 마요네즈 1큰술, 참기름 1작은술, 통깨 약간,
물 2컵
양념 고추장 3큰술, 맛술(또는 물) 1큰술,
다진 마늘 ½큰술, 고춧가루 1작은술

만들기

1. 진미채는 물에 담가 불린 뒤 체에 밭쳐 물기를 빼고
   먹기 좋게 자른다.

2. 양념 재료를 섞은 다음 프라이팬에 넣고 약한 불에서
   끓인다.

3. 볼에 진미채를 담고 마요네즈를 넣어 버무린 뒤 2의 양
   념과 참기름을 넣고 한 번 더 버무려 통깨를 올린다.

plus tip

조리한 뒤 바로 먹을 경우 진미채와
모든 양념을 함께 넣어 볶는다. 오래
두고 먹을 경우 양념을 먼저 끓인 뒤
진미채를 넣어 버무린다.

1   2   3

21 바삭바삭 짭조름한 반찬

멸치견과류볶음

견과류를 매일 간식처럼 먹기가 어렵다면
반찬으로 만들어보자. 칼슘과 무기질이
풍부한 멸치와 섞어 맛도 영양도 알찬
멸치견과류볶음 레시피.

재료

멸치 200g, 호두 50g, 통아몬드 30g, 홍고추 ⅓개(5g),
물엿 4큰술, 식용유 2큰술, 식초 약간
소스 간장·올리고당 2큰술씩, 다진 마늘 ½큰술,
다진 파 1큰술

만들기

1. 마른 프라이팬에 호두와 통아몬드를 넣고 볶는다. 홍고추는 어슷 썬다.

2. 냄비에 소스 재료를 넣고 홍고추, 물엿을 넣고 끓인다.

3. 다른 프라이팬을 달궈 식용유를 두르고 멸치를 볶는다.

4. 2에 1의 호두와 통아몬드, 3의 멸치를 넣고 볶는다.

plus tip

멸치를 볶을 때 식초 2방울을
넣으면 비린내를 제거할 수
있다. 견과류는 오래 가열하면
딱딱해지므로 주의한다.

1   2   4

유통기한 임박한 우유의 재탄생

리코타치즈샐러드

우유의 단백질과 레몬즙의 산성이 만나
몽글몽글하게 뭉쳐져 완성되는 리코타치즈.
시판하는 크림치즈보다 부드럽고 고소해
빵에 발라 먹어도, 샐러드 채소와
함께 먹어도 좋다.

재료

우유 2½컵, 레몬즙 1개분, 빵 100g, 샐러드 채소 2줌, 소금
1작은술, 크랜베리·발사믹식초·올리브유·아몬드 약간씩

만들기

1. 냄비에 우유를 붓고 약한 불에서 20~30분간 끓이다
가운데가 보글보글 끓으려고 하면 불을 끈다.

2. 1에 레몬즙과 소금을 넣고 가장 약한 불에서 15분 정
도 끓인다.

3. 거름망에 깨끗한 헝겊이나 소창을 얹고 2를 부어 물
기가 빠질 때까지 놔둔다.

4. 3을 냉장고에 넣어 하루 정도 숙성시킨다.

5. 접시에 빵과 샐러드 채소, 크랜베리, 발사믹식초, 올
리브유, 아몬드를 담고 4의 리코타치즈를 곁들인다.

plus tip

우유를 끓일 때에는 쉽게 넘칠 수
있으므로 약한 불에서 조심스럽게 끓인다.
레몬즙과 소금을 넣은 다음에는 젓지 말고 그대로
끓여야 순두부처럼 천천히 응고된다. 더 깊고 진한
맛을 내려면 생크림(우유의 절반 분량)을 넣는다.

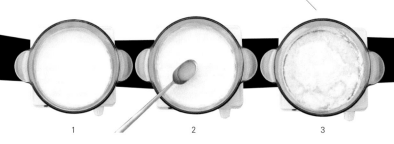

1   2   3

23

입이 심심할 때

호두정과

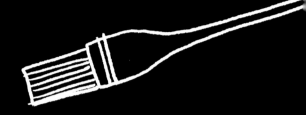

'브레인 푸드'라 불리는 영양식품, 호두는
떫은맛이 나서 즐겨 먹지 않는 사람도 많다.
올리고당에 조린 호두정과는 간식으로도,
술안주로도 훌륭하다.

재료

호두 2줌, 올리고당 ½컵, 식용유 1컵, 설탕 1작은술

만들기

1. 마른 프라이팬에 호두를 넣고 살짝 볶는다.

2. 1에 올리고당을 붓고 조린다.

3. 2를 체에 밭친다.

4. 호두가 살짝 식으면 프라이팬을 달궈 식용유를 붓고 볶듯이 튀긴다.

5. 호두를 건져 식힌 다음 입맛에 맞게 설탕을 뿌린다.

plus tip

호두에 올리고당이 충분히 흡수되면
체에 밭쳐 겉에 묻은 시럽을 제거해야
깔끔하게 튀겨진다. 튀길 때는 호두를
한꺼번에 기름에 넣고 5~7초간 튀긴 후
재빨리 건진다.

2   3   4

24 있는 게 레몬·오렌지뿐

레몬청·오렌지청

오래 두고 먹을 생각으로 레몬과 오렌지를
박스째 구입했다면 레몬청과 오렌지청을
만들어두자. 탄산수와 섞으면 시원한
레모네이드, 오렌지에이드가 완성된다.

재료

레몬·오렌지 2개씩, 식초 4큰술, 설탕 250g(레몬, 오렌지와
같은 분량), 소금 적당량, 물 6컵

만들기

1. 볼에 물을 붓고 식초를 넣은 뒤 레몬과 오렌지를 담가
   둔다.

2. 1의 레몬과 오렌지를 소금이나 베이킹소다로 껍질을
   박박 문질러 씻는다.

3. 레몬과 오렌지를 껍질째 슬라이스한다.

4. 밀폐용기에 각각 레몬과 설탕 100g, 오렌지와 설탕
   150g을 켜켜이 담는다. 레몬·오렌지와 설탕의 비율
   은 각각 1:1이 좋다.

5. 직사광선이 들지 않는 그늘진 곳에 3~4일간 보관한
   뒤 먹는다.

plus tip

레몬과 오렌지는 식촛물에 담근
뒤 소금이나 베이킹소다로 문질러
씻으면 껍질에 남아 있는 농약
성분을 효과적으로 제거할 수 있다.

1   2   3   4

푸짐한 요리가 먹고 싶을 때 부담 없이 해먹기 좋은 메뉴다. 야들야들한 닭고기를 달짝지근한 국물에 찍어 먹는 맛이 일품이다.

1 닭고기와 냉장고 속 채소의 만남
안동찜닭

재료(2~3인분)

닭(닭볶음용) 1마리,
당근 ½개, 감자·마른고추
2개씩, 시금치 4줄기, 식용유
2큰술, 물 2컵

양념

간장 4큰술, 설탕 2큰술,
굴소스 1큰술, 후춧가루 약간,
물 2컵

만들기

1. 당근과 감자는 한입 크기로 썰어 모서리를 둥글게 다듬는다. 마른고추는 1~2cm 크기로 자른다. 시금치는 뿌리를 다듬어 물에 깨끗이 씻는다.

2. 볼에 양념 재료를 넣어 섞는다.

3. 프라이팬을 달궈 식용유를 두르고 닭을 넣어 볶는다.

4. 3에 마른고추, 2의 양념, 물을 넣고 10분간 끓인 다음 당근과 감자를 넣고 조린다.

5. 당근이 익으면 마지막에 시금치를 통째로 넣고 한번 뒤적인다.

plus tip

마른고추는 잘 썰리지 않기 때문에 칼보다 가위로 자르는 것이 효율적이다.

1

2

3

4

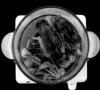
5

BONUS

손님 초대 메뉴

RECIPE

아삭아삭하게 씹히는 콩나물과 오이에 단백질이 풍부한 닭가슴살을 넣어 영양가가 높다.

포만감은 높고 열량은 낮아 다이어트하는 사람에게 추천하는 요리.

2 아삭아삭하고 안싸한
닭가슴살콩나물겨자냉채

재료

닭가슴살 ½덩어리(50~60g),
달걀노른자 1개, 콩나물 100g,
오이 ⅓개(25g), 당근 ⅛개(25g),
소금 약간

겨자 소스
식초 1½큰술, 설탕 1큰술,
간장 1작은술, 연겨자 2작은술

만들기

1. 오이와 당근은 5~6cm 길이로 채 썰고 콩나물은 꼬리를 다듬는다.

2. 끓는 물에 소금을 약간 넣고 당근→오이→콩나물 순으로 각각 30초간 데친다.

3. 2를 찬물에 담갔다 식으면 체에 밭쳐 물기를 뺀다.

4. 닭가슴살은 끓는 물에 삶아 건진 뒤 손으로 쭉쭉 찢는다.

5. 볼에 소스 재료를 넣어 섞고 3의 채소와 4의 닭가슴살을 넣어 버무린 다음 달걀노른자를 올린다.

plus tip

채소를 삶을 때는 당근→오이→콩나물 순으로 삶아야 냄새가 덜 난다. 이때 소금을 약간 넣어야 재료의 색이 선명해지고 간이 되어 맛있다. 재료가 가지고 있는 염분을 잃지 않아 맛이 좋아진다.

BONUS  손님 초대 메뉴

RECIPE

달콤하고 상큼한 레몬갈릭 소스에 닭고기를 넣어 끓인 요리로, 닭고기의 잡내와 느끼함은 전혀 느낄 수 없다. 구운 통마늘과 파스타샐러드를 곁들이면 잘 어울린다.

3 파티 분위기를 살리는 레몬갈릭치킨

재료(2인분)

닭다리 3개,
소금·후춧가루·올리브유
약간씩, 버터 2큰술,
레몬즙 1개분,
다진 마늘 ½작은술

만들기

1. 닭다리는 소금, 후춧가루를 뿌려 밑간하고 올리브유에 재워둔다.

2. 프라이팬을 달궈 닭다리를 한 면씩 1분간 굽는다.

3. 2에 버터를 녹이고 레몬즙을 넣는다.

4. 다진 마늘을 넣고 약한 불에서 끓인다.

5. 포크로 닭다리를 찔러보아 피가 나오지 않으면 불을 끈다.

plus tip

은근하게 끓인다는 것은 약한 불에서 끓이는 것을 뜻한다. 약한 불은 오래 자글자글 끓여야 하는 조림이나 사골국, 뭉근하게 오래 끓여 맛을 우려낼 때 사용한다.

1

2

3

4

BONUS 손님 초대 메뉴

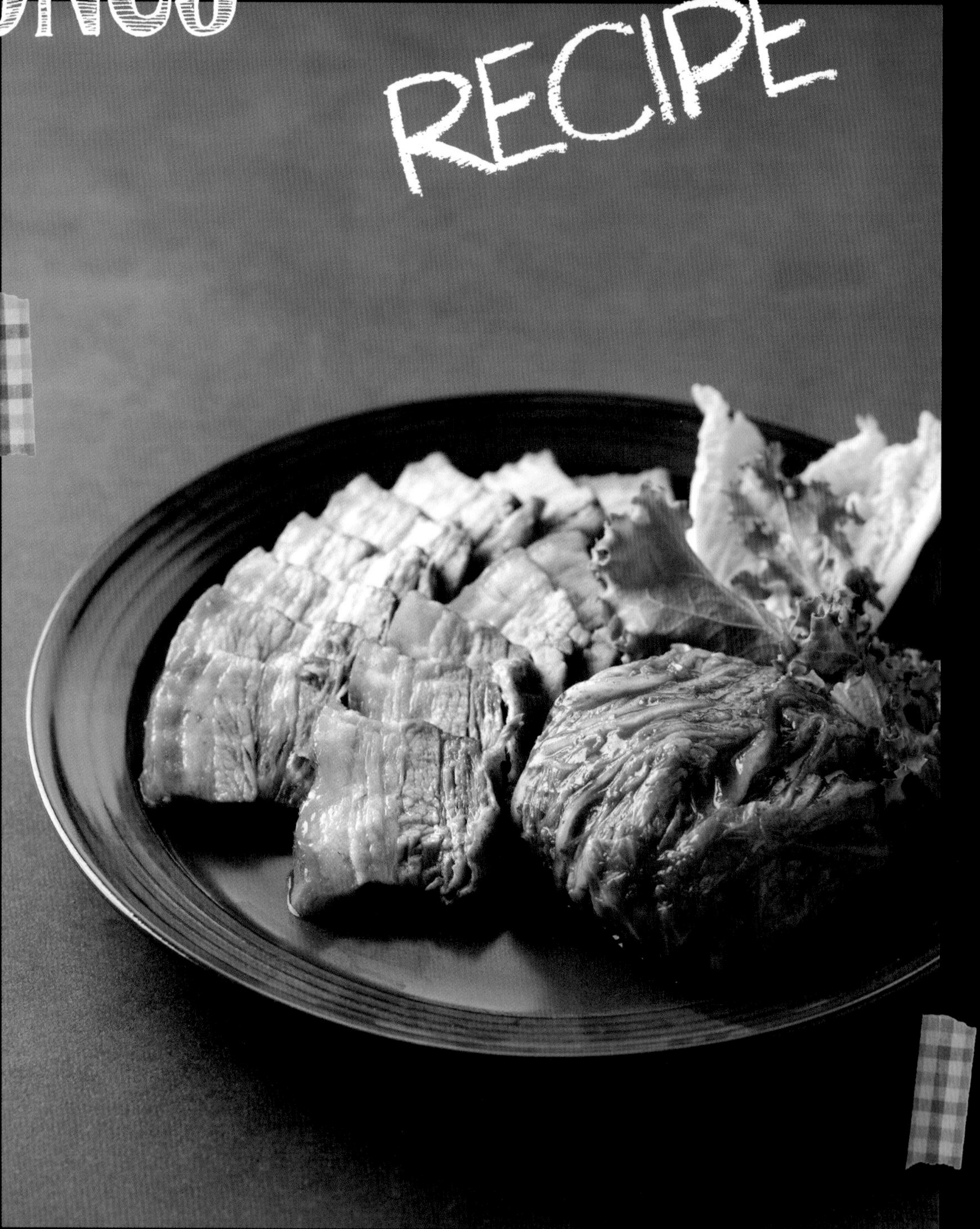

삼겹살의 쫀득한 맛은 그대로, 칼로리는 절반으로 뚝 떨어져 부담 없이 즐길 수 있는 수육은 김장하는 날 그 진가를 발휘한다. 먹기 좋게 썰어 쌈장이나 김치와 함께 먹는다.

4 김장하는 날
삼겹살수육

재료(4인분)

돼지고기(삼겹살) 1kg,
양파 1개, 대파(25cm) 1대,
마늘 5~7쪽, 생강 2톨,
통후추 ½작은술, 월계수잎
2장, 된장 3⅓큰술,
간장·청주 3큰술씩, 물 10컵

만들기

1. 양파는 2등분하고 대파는 7~8cm 길이로 썬다.

2. 마늘은 껍질을 까서 준비하고 생강은 얇게 채 썬다.

3. 냄비에 물을 붓고 양파, 대파, 마늘, 생강, 통후추, 월계수잎을 넣어 끓인다.

4. 끓어오르면 돼지고기를 통째로 넣고 된장, 간장, 청주를 넣어 45분~1시간 동안 끓인다.

plus tip

삼겹살은 국물이 끓을 때 넣어야 육즙이 살아 있는 촉촉한 수육을 만들 수 있다.

1

2

3

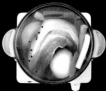
4

BONUS

손님 초대 메뉴

RECIPE

도우에 새콤달콤한 토마토 소스도 올리지 않고 치즈만 얹었을 뿐인데, 손으로 찢어 꿀에 찍어 먹으면 그 맛이 일품이다.

5 춘춘할 때 후다닥 만들어 먹는
토르티야고르곤졸라피자

재료

토르티야 1장,
올리브유 1작은술,
다진 마늘·고르곤졸라치즈·꿀
1큰술씩, 모차렐라치즈 3큰술

만들기

1. 프라이팬을 달궈 토르티야를 올려 굽는다.

2. 다른 프라이팬을 달궈 올리브유를 두르고 다진 마늘을 넣어 볶는다.

3. 1의 토르티야에 고르곤졸라치즈를 올리고 2의 다진 마늘을 뿌린 뒤 모차렐라치즈를 올린다.

4. 3을 꿀에 찍어 먹는다.

plus tip

고르곤졸라치즈는 크리미한 질감이 특징으로 과일향이 풍부한 화이트 와인과 잘 어울린다.

1   2   3

RECIPE

알리오올리오, 봉골레파스타 등으로 만찬을 즐기고 난 뒤 파스타 면이 애매하게 남았다면 튀겨서 설탕을 뿌려보자. 달달한 간식거리가 된다. 오도독오도독 씹어 먹으면 입이 심심하지 않을 것.

6 싱글을 위한 주전부리
파스타면땅

재료

파스타 면 적당량,
식용유 1컵, 설탕 2~3큰술

만들기

1. 파스타 면은 2등분한다.

2. 깊은 프라이팬에 식용유를 붓고 170℃로 달궈 파스타 면을 넣어 튀긴다.

3. 파스타 면을 건져 뜨거울 때 바로 설탕에 무친다.

plus tip

프라이팬에 식용유를 붓고 끓이다 튀김용 나무젓가락 끝을 팬 바닥에 대보면 자잘한 기포가 올라온다. 이때가 파스타 면을 튀기기 적당한 온도 170~180℃다.

2

3

single-dish
PART 4.

명절이 지나고 나면 힘들게 장만한 음식이 남아 처치 곤란이다. 버리자니 아깝고 그대로 먹자니 질린다. 남은 음식을 모두 넣고 끓인 잡탕찌개도 질린다면 신군이 제안하는 이색 레시피를 따라 해보자. 딱딱해진 갈비도, 식어버린 전도 훌륭한 일품요리가 된다.

처치곤란 명절 음식

contents

1 전을 통째로 넣고 끓인 초간단 찌개

전찌개

명절 음식을 활용한 요리 중 기본 메뉴.
온갖 전에 고추장, 고춧가루를 넣고 끓여
느끼한 맛은 줄이고 매콤한 맛은 살렸다.

재료

전 5~6개, 무 ⅙개, 풋고추·홍고추 ¼개씩, 고추장 2큰술,
고춧가루 ½큰술, 다진 마늘 1작은술, 올리고당 약간,
다시마(3×4cm 크기) 2장, 물 4컵

만들기

1. 무는 삼각형으로 썰고 고추는 송송 썬다.

2. 냄비에 물을 붓고 다시마와 무를 넣고 끓이다 끓어오르기 직전에 다시마를 건진다.

3. 2에 고추장을 풀고 고춧가루, 다진 마늘, 올리고당을 넣고 끓인다.

4. 3에 전을 넣고 한소끔 끓인 다음 고추를 올린다.

plus tip

찌개는 처음에 센 불에 올려 끓이다
국물이 끓기 시작하면 약한 불로 줄여
은근하게 끓여야 맛이 좋다. 오래 끓여야
제맛이 나므로 처음에는 심심하게 간한다.

1 3 4

2 김밥이 이렇게 쉽다니!
꼬치전김밥

먹는 것은 간단하지만 직접 만들려면
의외로 번거로운 메뉴가 바로 김밥이다.
재료를 일일이 다듬을 필요 없이 꼬치전만
준비하면 5분 이내에 완성할
수 있다.

재료(2인분)

꼬치전 4개, 김(김밥용) 2장, 밥 1½공기,
참기름·소금 약간씩

만들기

1. 볼에 밥을 담고 참기름과 소금을 넣어 주걱을 세워 살살 섞는다.

2. 김을 펼치고 1의 밥을 얇게 깐 뒤 꼬치전 2개를 나란히 올린다.

3. 2를 돌돌 말아 적당한 크기로 썰어서 그릇에 담는다.

plus tip

밥에 참기름, 소금을 넣고 주걱으로 잘
섞어가며 뒤적이면 김이 빠진다. 수분을
빼면 김이 눅눅해지지 않는다.

1

2

3

손맛 살린 간식
녹두전크로켓

감자를 듬뿍 넣고 튀겨낸 크로켓은 치즈, 김치,
달걀, 카레 등 어떤 재료를 넣어도 잘 어울린다.
녹두전을 활용하면 두툼하고 바삭한 크로켓을
만들 수 있다.

재료
녹두전 ½개(140g), 달걀 2개, 밀가루 ½컵, 빵가루·식용유
1컵씩

만들기

1. 녹두전은 곱게 다진다.

2. 볼에 녹두전을 담고 달걀 1개를 깨 넣어 잘 섞는다.

3. 2를 동그란 모양으로 빚고 남은 달걀 1개는 풀어 놓
는다.

4. 3의 빚은 녹두전을 밀가루→3의 달걀→빵가루 순으
로 묻힌다.

5. 튀김용 프라이팬을 달궈 식용유를 두르고 4를 넣어
튀긴다.

plus tip

대부분의 튀김 요리는 고온에서
튀기지만 고기는 속까지 완전히 익어야
하므로 중간 온도에서 튀긴다.

1   3   4   5

4 색다른 풍미를 살린
스위트칠리소스동그랑땡

한입에 쏙쏙 먹기 좋은 동그랑땡은
아이들은 물론 어른도 좋아한다.
명절이 지난 후에 더 이상 느끼한 음식을
먹고 싶지 않다면 스위트칠리 소스를
활용해본다.

재료

동그랑땡 5~6개, 풋고추·홍고추 ⅓개씩, 마늘 3쪽,
스위트칠리 소스 4큰술, 올리브유 1큰술

만들기

1. 고추는 송송 썰고 마늘은 편으로 썬다.

2. 프라이팬을 달궈 올리브유를 두르고 마늘을 볶아 향을 낸다.

3. 동그랑땡을 넣고 스위트칠리 소스를 넣어 조리다 1의 고추를 넣는다.

plus tip

손이 많이 가는 명절 음식, 동그랑땡은
왕만두로 만들면 간단하다. 왕만두 소를
다진 뒤 달걀물을 부어 섞고 반죽을
한다. 프라이팬에 식용유를 두르고
동글납작하게 모양을 만들어 굽는다.

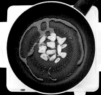

1   2   3

5 전의 새로운 발견

전라자냐

고소한 치즈와 토마토 소스, 베샤멜 소스를
주재료로 만드는 라자냐는 이탈리아 요리다.
전을 활용해 퓨전 라자냐를 만들면
의외로 맛이 깊고 풍부하다.

재료

전 200g, 베샤멜 소스·토마토 소스 6큰술씩,
모차렐라치즈 ½컵
베샤멜 소스 버터 1큰술, 밀가루 ½큰술, 우유 ⅔컵,
소금 ¼작은술

만들기

1. 프라이팬을 달궈 버터를 녹이고 밀가루를 넣어 3~5분간 약한 불에서 볶는다.

2. 우유를 붓고 소금을 넣은 후 덩어리가 생기지 않게 잘 젓는다.

3. 차갑게 식은 전을 프라이팬에 살짝 굽거나 전자레인지에 2분간 데운다.

4. 그라탱 용기에 전을 올리고 2의 베샤멜 소스를 바른 뒤 전을 올리고 토마토 소스를 바르며 층층이 쌓아 올린다.

5. 4에 모차렐라치즈를 올리고 전자레인지에 3분간 익히거나 200℃로 예열한 오븐에 7~8분간 굽는다.

plus tip

베샤멜 소스란 버터와 밀가루,
우유를 넣고 만든 화이트 소스로
생선 요리나 그라탱, 크로켓 등에
주로 쓰인다. 라자냐에 넣으면
수분이 증발하는 것을 막아준다.

1　　　　2

6 냉장고 속 나물의 대활약
나물로 만든 키쉬

유럽식 계란찜, 키쉬는 냉장고 속 자투리
나물을 활용할 수 있는 요리다. 그라탱
용기를 가득 채워 오븐에 굽는 키쉬를
싱글용으로 만들었다.

재료

고사리나물·시금치나물·피자치즈 ½컵씩,
비엔나 소시지 4개, 달걀 2개, 식빵 4장

만들기

1. 고사리나물과 시금치나물은 먹기 좋게 썬다. 비엔나
   소시지는 1cm 간격으로 동그랗게 썬다.

2. 볼에 1을 담고 달걀을 깨 넣어 버무린다.

3. 식빵은 테두리를 잘라내고 밀대로 밀어 종이컵에 접
   어 넣는다.

4. 3에 2를 채워 넣고 맨 위에 피자치즈를 올린 뒤 전자
   레인지에 3분간 굽는다.

plus tip

말린 나물은 조리하기 전에 물에 담가
충분히 불려야 질기지 않고 부드럽다.
고사리, 무, 시금치 등 삼색나물은
김밥으로 만들어도 맛있다.

1   2   3   4

7

갈비와 버섯을 볶은 고소한 맛
갈비버섯리소토

식어서 질겨진 갈비에 버섯과 밥을 넣어 새로운 요리를 만들었다. 달콤하게 양념이 되어 있어 조리하기도 쉽다.

재료

양념 갈비 ½컵, 밥 1공기, 표고버섯 2~3개, 양파 ¼개, 올리브유·다진 마늘 1큰술씩, 우유·생크림 1½컵씩, 소금·후춧가루 약간씩

만들기

1. 명절에 먹고 남은 양념 갈비를 다진다.

2. 표고버섯은 채 썰고 양파는 잘게 다진다.

3. 프라이팬을 달궈 올리브유를 두르고 다진 마늘을 볶아 향을 낸 다음 양파를 넣어 볶는다.

4. 3에 밥과 2의 표고버섯을 넣고 볶는다.

5. 1의 양념 갈비를 넣고 우유와 생크림을 붓고 조린 뒤 기호에 따라 소금, 후춧가루로 간한다.

plus tip

갓 지은 밥이나 진밥보다는 고슬고슬한 찬밥을 전자레인지에 데워 활용하는 편이 낫다.

1   3   4   5

8 한입에 쏙

갈비 넣은 폭탄주먹밥

식어서 뻑뻑해진 갈비도 잘게 다지면 식감이 좋다. 여기에 양념을 약간 더해 주먹밥을 만들면 한 끼 식사는 물론 외출할 때 챙겨 가기에도 좋다.

재료

양념 갈비 1컵, 밥 1공기, 참기름·소금·깨소금 약간씩, 김가루 ½컵

만들기

1. 양념 갈비는 잘게 다진다.

2. 볼에 밥을 담고 1의 양념 갈비, 참기름, 소금, 깨소금을 넣고 잘 섞는다.

3. 2를 한입 크기로 동글동글하게 빚는다.

4. 3을 김가루에 굴린다.

plus tip

찹쌀 1큰술을 넣고 밥을 지어 주먹밥을 만들면 찰기가 있어 쉽게 뭉쳐지고 소화가 잘된다.

1   2   3   4

9 초보자를 위한 궁중음식
구절판

얇게 부친 밀전병에 9가지 속재료를 넣은
구절판은 감히 시도조차 할 수 없을 정도로
마냥 어렵게만 느껴지는 궁중음식이다.
하지만 친정엄마가 만들어주신 나물 반찬이
있다면 큰힘 들이지 않고 쉽게 만들 수 있다.

재료

불고기 ½컵, 당근 ⅕개(15g), 오이 ¼개(15g),
각종 나물 적당량, 밀가루 3큰술, 식용유 2작은술,
소금 약간, 물 5큰술

만들기

1. 불고기는 작은 크기로 썰고 당근과 오이는 얇게 채 썬다.

2. 볼에 밀가루와 소금, 물을 넣고 덩어리지지 않게 잘 섞은 후 체에 거른다.

3. 프라이팬을 달궈 식용유 1작은술을 두르고 키친타월로 한번 닦아낸 다음 2를 떠 넣어 동그랗게 부친다.

4. 다른 프라이팬을 달궈 식용유 1작은술을 두르고 불고기, 당근, 오이, 나물을 각각 살짝 볶는다.

5. 3의 밀전병 위에 4를 차례로 올리고 돌돌 만다.

plus tip

각각의 나물과 불고기에 양념이 되어 있기
때문에 별도로 간을 하지 않아도 맛이 좋다.

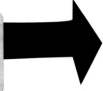

1   2   3   5

10 귀차니스트의 주말 메뉴

잡채밥

참기름에 버무린 잡채도 굴소스를 넣고
볶으면 중국집의 맛깔스러운 잡채밥이 된다.
잡채에 쓱쓱 비벼 먹는 주말 일품요리로
추천한다.

재료

잡채 2컵(국그릇에 가득 찰 정도), 밥 ½공기,
다진 마늘 ½큰술, 고추기름·굴소스 1큰술씩

만들기

1. 프라이팬을 달궈 고추기름을 두르고 다진 마늘을 볶
다가 먹고 남은 잡채를 넣는다.

2. 1에 굴소스를 넣고 고루 버무린다.

3. 그릇에 따뜻한 밥을 담고 2를 올려 함께 먹는다.

plus tip

거의 모든 중화 요리에 쓰이는 굴소스는
별다른 양념을 하지 않아도 맛을 낼
수 있는 만능 양념이다. 매운맛이 나며
향이 좋아 볶음 요리에 사용하면 좋다.

1   2   3

11 묵은 떡 처리법

맛탕떡볶이

냉장고 속 떡국 떡으로 만들어 쫄깃하고 양념이
잘 배었다. 떡과 단호박, 두부전으로 만든
영양만점 별미 간식으로 파마산 치즈가루나
고추기름을 곁들여도 맛있다.

재료

떡국 떡 1컵, 두부전 1장, 단호박 ⅛개(25g), 식용유 3큰술,
설탕 ½컵, 물 1큰술

만들기

1. 떡은 물에 담가 불린다.

2. 두부전은 사방 2cm 크기로 깍둑 썰고 단호박은 모양
   을 살려 얇게 썬다.

3. 프라이팬을 달궈 식용유 2큰술을 두르고 떡, 두부전,
   단호박을 넣어 튀긴다.

4. 다른 프라이팬에 물을 붓고 설탕을 넣어 졸인다.

5. 4가 갈색으로 변하면 식용유 1큰술을 두르고 3을 넣
   어 볶는다.

6. 체에 밭쳐 기름을 뺀 뒤 그릇에 담아낸다.

plus tip

떡을 불린 다음 물기를 완전히
제거하고 튀겨야 기름이 튀지 않는다.

1   2   3   4

12 추억의 길거리 음식
인절미호떡

쫀득쫀득하게 늘어나는 인절미에
땅콩분태와 흑설탕, 계핏가루를 넣어 구웠다.
아이스크림이나 과일과 함께 곁들이면
디저트로 훌륭하다.

재료

인절미(큰 것) 3개, 식용유 1큰술, 아이스크림 적당량
호떡 소 땅콩분태(또는 땅콩을 잘게 다져서 사용)·흑설탕
2큰술씩, 계핏가루 ½작은술

만들기

1. 인절미는 전자레인지에 1분 30초간 돌려 말랑말랑하게 만든다.

2. 볼에 호떡 소 재료를 넣어 섞는다.

3. 인절미에 2의 호떡 소를 넣고 둥글게 빚은 다음 프라이팬에 식용유를 두르고 노릇하게 굽는다.

4. 취향에 따라 아이스크림이나 과일을 곁들여 먹는다.

plus tip

센 불에서 겉을 익힌 다음 약한
불로 줄여 속까지 익힌다. 자주
뒤집으면 맛도 모양도 떨어지므로
한쪽이 충분히 익으면 뒤집는다.

2

3

비타민과 칼륨이 풍부해 체내 나트륨 배출을 돕는 아보카도는 피부에 좋을 뿐만 아니라 임신부에게도 좋다. 우유와 함께 갈면 아보카도를 좋아하지 않는 사람도 맛있게 즐길 수 있다.

1 비타민 풍부한 초록색 주스
아보카도주스

재료

아보카도 1개,
우유 1컵,
꿀 1~1½큰술

만들기

1. 아보카도는 반으로 갈라 비틀어 떼어 씨를 빼고 껍질을 벗긴다.

2. 1의 아보카도를 적당한 크기로 저며 썬 뒤 믹서에 넣고 우유를 부어 간다.

3. 취향에 따라 꿀을 첨가한다.

1

2

3

plus tip

아보카도는 무척 단단하기 때문에 초보자는 손질하기 쉽지 않다. 세로로 반을 갈라 비틀어 떼고 씨를 따라서 칼을 넣어 좌우를 반대방향으로 돌리면서 씨를 뺀다.

BONUS

5분 만에 준비하는 아침식사

RECIPE

항산화 작용이 뛰어난 수퍼푸드로 손꼽히는 블루베리는 생으로 먹어도 맛있지만 매일

적당량을 꾸준히 섭취하기는 번거롭다. 주스로 갈아 마시면 간편하게 영양을 챙길 수 있다.

2 동안의 비결
블루베리스무디

재료

냉동블루베리 1줌,
플레인요거트 1개(85g)

만들기

1. 믹서에 블루베리와 플레인요거트를 넣고 간다.

2. 곱게 갈리면 컵에 따라 마신다.

1

2

plus tip

블루베리 껍질에는 성인병을
예방하고 시력을 보호해주는
안토시아닌 성분이 많이 함유돼
있으니 껍질째 먹는다.

BONUS

 5분 만에 준비하는 아침식사

RECIPE

청포도와 오이는 체내 노폐물을 제거해 피부 미용과 숙취 해소에 좋다. 전날 과음하여 머리가 지끈거리고 몽롱하다면 주스를 차갑게 만들어 한잔 마시자.

3 숙취해소 음료가 따로 없네!
청포도주스와 오이레모레이드

청포도주스 재료

청포도 30알, 얼음 6개,
베이킹소다·올리고당(또는 설탕)
약간씩, 물 ½컵

만들기

1. 청포도는 베이킹소다로
   씻는다.

2. 믹서에 청포도를 담고 얼음,
   올리고당, 물을 넣어 간다.

오이레모네이드 재료

오이 ⅓개, 얼음 3~4개,
레모네이드 1컵

만들기

1. 오이는 채칼로 썬다.

2. 컵에 얼음과 레모네이드,
   오이를 넣고 잘 젓는다.

plus tip
레모네이드 대신
레몬즙이나 이온음료를
넣어도 된다.

청포도주스 1

오이레모네이드 1   2

예로부터 중국에서는 불로장수 식품으로 여길 정도로 건강에 좋은 흑임자는 항산화 작용과 치매 예방, 항암 작용이 뛰어나다. 단백질이 풍부한 순두부를 넣어 포만감도 높다.

4

밥 한 그릇의 영양을 뛰어넘는
순두부흑임자두유

재료

순두부 ½컵, 우유 1컵,
소금 약간, 흑임자 2큰술,
꿀 1큰술

만들기

1. 믹서에 순두부를 넣고 우유를 부어 간다.

2. 냄비에 1을 붓고 소금을 넣어 끓인다.

3. 흑임자를 곱게 갈아서 2에 넣고 끓인다.

4. 잘 저은 뒤 기호에 따라 꿀을 넣는다.

plus tip

흑임자는 곱게 갈아서 드레싱에
활용하거나 찹쌀, 물과 함께
끓여 흑임자죽을 만들어 먹어도
별미다.

1

2

3

4

BONUS

5분 만에 준비하는 아침식사

RECIPE

매일 아침 사과 1개를 먹으면 건강에 좋다고 알려져 있다. 비타민과 무기질이 풍부해
영양만점인 단호박을 넣어 달콤함을 더한다.

5

건강을 생각한다면
단호박사과수프

재료
단호박 ¼개,
사과 ½개,
우유(또는 생크림) 1컵

만들기

1. 단호박과 사과는 껍질을 벗기고 씨를 제거해 먹기 좋은 크기로 썬다.

2. 볼에 단호박과 사과를 담고 랩으로 감싸 전자레인지에 4분간 돌린다.

3. 믹서에 2를 담고 우유를 부어 간다.

4. 취향에 따라 계핏가루나 설탕을 넣는다.

1

2

3

plus tip

단호박은 단단해서 잘 상하지
않기 때문에 오래 두고 먹을 수
있다. 바닥에 닿아 있는 쪽이
먼저 상하므로 가끔 뒤집어가며
보관한다.

single-dish
PART 5.

시판 재료 중 특히 싱글을 유혹하는 '1+1' 재료인 만두와 떡갈비, 소시지···. 이 재료들을 맛있게 먹을 수 있는 참신한 요리법은 없을까? 재료만 잘 준비하면 혼자 가기 멋쩍어 포기하게 되는 레스토랑의 고급 에뉴도 문제없다. 초간단, 초스피드 레시피를 공개한다.

1+1 시판 재료

contents

깐풍만두

깐풍기가 먹고 싶을 때

풋고추와 홍고추를 송송 썰어 넣어 매콤한
맛을 더했다. 탕수육을 주문했을 때
서비스로 나오는 군만두를 이용해도 좋다.

재료
물만두 20개, 풋고추 ⅘개(12g), 홍고추 ⅗개(9g),
대파(12.5cm) 1대, 마늘 3~4쪽, 생강 1톨, 식용유 1컵,
다진 마늘 1작은술, 후춧가루 약간
소스 식초 6큰술, 설탕 5큰술, 간장 1⅔큰술, 물 ½컵

만들기

1. 고추는 어슷 썰고 대파는 3~4cm 길이로 썬다. 마늘과 생강은 편으로 썬다.

2. 작은 프라이팬에 식용유를 자박하게 두르고 만두를 튀겨 건진다.

3. 다른 프라이팬에 소스 재료를 넣고 1을 넣어 조린다.

4. 소스가 절반 정도 졸면 2의 튀긴 만두와 다진 마늘을 넣고 살짝 볶다가 후춧가루를 뿌린다.

plus tip

만두를 튀길 때 냄비가 너무 크면 기름을
많이 넣어야 하고, 튀기고 난 뒤 남은
기름을 처리하기도 힘들다. 만두 양에 따라
작은 냄비나 프라이팬을 사용하는 것이
효율적이다.

1   2   3   4

2 탕수육만큼 맛있는
탕수만두

집에서 튀김 요리를 하는 것이 엄두가 안 나는 요리 초보도 탕수만두는 쉽게 할 수 있다. 전분을 넣어 걸쭉하게 만든 소스가 새콤달콤하다.

재료

시판 만두 12개, 적양파 ⅒개(26g), 레몬·오이 ¼개씩, 당근 ⅟₂₀개(14g), 피망 ⅒개(11g), 전분·물 1큰술씩, 식용유 1컵

소스 설탕 ½컵, 식초 ¼컵(54g), 간장 1큰술, 맛술 2작은술, 물 ⅝컵(125ml)

만들기

1. 작은 프라이팬에 식용유를 자작하게 두르고 만두를 튀긴다.

2. 적양파와 레몬은 얇게 채 썰고 오이, 당근, 피망은 먹기 좋은 크기로 썬다.

3. 냄비에 소스 재료를 넣고 끓인다.

4. 3이 끓어오르면 2를 넣고 전분과 물을 1:1 비율로 섞어 조금씩 넣으면서 소스의 농도를 확인한다.

5. 접시에 1의 튀긴 만두를 담고 4의 소스를 뿌린다.

plus tip

소스가 끓고 있을 때 전분과 물을 섞어 넣어야 농도를 맞추기가 쉽다. 전분을 넣은 소스는 식으면 되직해지기 때문에 숟가락으로 떠서 기울였을 때 부드럽게 흐르는 정도로 조절한다.

1

2

3

3 매콤하게 즐기는 만두의 세계

비빔만두

군만두를 먹을 때 식이섬유가 풍부한
양배추와 오이, 당근을 곁들이면 느끼한
맛을 줄이는 데 좋다. 소스는 숙성되면 맛이
좋아지므로 하루 전에 만들어놓는다.

재료

지짐만두 6~8개, 양배춧잎 1장(37g),
적채 ½장(25g), 오이 ⅓개, 당근 ⅒개, 식용유 2큰술
소스 고추장 2큰술, 물엿 1⅔큰술, 식초 1큰술, 설탕
2작은술, 참기름 1작은술

만들기

1. 양배춧잎, 적채, 오이, 당근은 얇게 채 썬다.

2. 1을 얼음물에 담가 차갑게 식혀 체에 밭친다.

3. 볼에 참기름을 제외한 소스 재료를 넣어 섞고 기호에
   맞게 참기름을 넣는다.

4. 프라이팬에 식용유를 두르고 약한 불에서 지짐만두
   를 노릇하게 구워 접시에 담고 2의 채소를 올린 뒤 3
   의 소스를 뿌린다.

plus tip

채소는 얼음물이나 차가운 물에 담갔다
물기를 제거하고 냉장고에 보관해야
얼지 않는다. 채소를 건져 키친타월로
감싸 냉장고에 넣으면 무르거나 얼지
않고 오래 보관할 수 있다. 만두는
해동한 뒤 구워야 타지 않는다.

1   2   3   4

가쓰오부시가 살랑살랑 춤추는

오코노미야키

일본식 부침 요리, 오코노미야키는 달콤
짭조름해서 맥주 안주로도 잘 어울린다.
다양한 해물을 듬뿍 넣어도 맛있지만 왕만두를
활용하면 쉽게 맛을 낼 수 있다.

재료

왕만두 4개, 달걀 2개, 마요네즈·데리야키 소스 2큰술씩,
가쓰오부시 10g, 파슬리가루 약간, 식용유 1큰술

만들기

1. 볼에 왕만두를 담고 가위로 잘게 자른다.

2. 1에 달걀을 깨 넣고 잘 섞는다.

3. 프라이팬을 달궈 식용유를 두르고 2를 넣어 약한 불에서 5분간 굽는다.

4. 3에 마요네즈와 데리야키 소스를 바르거나 튜브형 용기에 넣어 뿌리고 가쓰오부시와 파슬리가루를 뿌린다.

plus tip

프라이팬에 구울 때 뚜껑을 닫으면
안쪽까지 잘 익는다. 취향에 맞게
양배추, 피망 등을 썰어 넣어도 좋다.

1   2   3   4

초간단 중국식 만두 요리
만두청경채볶음

굴소스로 볶은 청경채 요리는 중국에
있는 음식점에서 기본으로 나오는 메뉴 중
하나. 청경채는 칼륨과 비타민이 풍부해
돼지고기와 궁합이 잘 맞으므로 고기만두를
활용하는 것이 좋다.

재료
물만두 15개, 청경채 4포기, 마늘 2쪽, 마른고추 3개,
굴소스 2큰술, 간장 1큰술, 다시마(3×4cm 크기) 2장,
소금 약간, 물 2컵

만들기

1. 청경채는 뿌리 쪽에 십자로 칼집을 내어 4등분한 다음 끓는 물에 소금을 넣고 데쳐 찬물에 헹군다. 마늘은 편으로 썰고 마른고추는 3등분한다.

2. 냄비에 물을 붓고 굴소스, 간장, 다시마, 마늘, 마른고추를 넣어 끓이다 끓기 직전에 다시마를 건진다.

3. 2가 끓으면 1의 청경채를 넣고 물만두를 넣어 3분간 끓인다.

plus tip
청경채에는 흙이 많기 때문에 끓는
물에 데치거나 잎을 떼어 깨끗한
물에 헹군다. 마지막에 고추기름을
넣으면 더욱 감칠맛이 난다.

1   2   3

1+1으로 기분 좋은 만찬

라비올리

이탤리언 스타일의 만두 요리인 라비올리도 문제없다. 방울토마토와 토마토 소스, 올리브유를 주재료로 하여 새콤달콤할 뿐 아니라 토마토의 항산화 성분인 리코펜도 섭취할 수 있다.

재료

시판 만두 10개, 방울토마토 8개, 마늘 3쪽,
바질잎 2장, 토마토 소스 1½컵, 파르메잔치즈가루 약간,
올리브유 2큰술

만들기

1. 방울토마토는 2등분하고 마늘은 편으로 썬다. 바질 잎은 다진다.

2. 프라이팬을 달궈 올리브유를 두르고 마늘을 넣어 향을 낸다.

3. 2에 만두를 넣어 볶다가 방울토마토와 바질잎을 넣어 한번 더 볶는다.

4. 3에 토마토 소스를 넣고 3분간 볶은 뒤 파르메잔치즈가루를 뿌린다.

plus tip

프라이팬을 달구고 기름을 두른 뒤 프라이팬을 기울여 마늘을 볶아야 타지 않는다. 바질잎이 없을 경우 드라이바질로 대체하거나 바질이 들어간 토마토 소스를 넣는다.

1   2   3   4

국물 맛 걱정 없는

떡만둣국

떡만둣국은 진하고 깊은 맛국물을 내는 것이
필수. 펜션이나 캠핑장에서 맛국물을 내기가
번거롭다면 속이 꽉 찬 왕만두를 넣어보자.

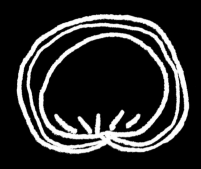

재료

왕만두 4개, 떡국 떡 50g, 대파(12.5cm) 1대, 달걀 1개,
다진 마늘 2작은술, 간장 1큰술, 소금·후춧가루 약간씩,
물 3컵

만들기

1. 떡은 찬물에 담가 불리고 대파는 송송 썬다.

2. 만두 1개는 만두피를 벗겨 만두소만 냄비에 담고 물,
   다진 마늘을 넣어 끓인다.

3. 충분히 끓여 맛국물을 낸 다음 체에 밭친다.

4. 3의 맛국물을 냄비에 붓고 1의 떡과 만두 3개를 넣고
   끓이다 간장, 소금, 후춧가루로 간을 맞춘다.

5. 달걀을 풀어 두르고 대파를 넣은 후 한소끔 끓인다.

plus tip

너무 오래 끓이거나 자주 저으면
만두가 쉽게 풀어지므로 가급적 젓지
말고 끓이는 것이 좋다.

1   2   3   4

8 윤기가 자르르

칠리만두

재빠르게 만들 수 있는 초스피드 요리다.

달콤한 맛이 좋다면 물엿이나 설탕을, 매콤한

맛을 원한다면 고추기름을 추가할 것.

재료

시판 만두 10개, 스위트칠리 소스 ⅔컵, 대파(12.5cm) 1대,
당근 ⅛개 (25g), 양파 ¼개, 생강 1톨, 마늘 3쪽,
고추기름 1큰술, 식용유 1컵

만들기

1. 프라이팬에 식용유를 자작하게 두르고 만두를 넣어
약한 불에서 노릇하게 익힌다.

2. 대파는 송송 썰고 당근과 양파, 생강, 마늘은 다진다.

3. 다른 프라이팬을 달궈 고추기름을 두르고 2의 대파,
생강, 마늘을 넣고 30초간 볶는다.

4. 3에 당근과 양파를 넣고 1분간 볶는다.

5. 4에 스위트칠리 소스를 넣고 1의 만두를 넣어 2~3분
간 볶는다.

plus tip

'기름을 자작하게 두른다'는
말은 기름을 적게 넣고 튀기는
것을 말한다. 보통 프라이팬에
기름을 1컵 정도 부으면
튀김 요리를 할 수 있다.

1   3   4   5

9 만두도 새콤달콤할 수 있다

만두튀김샐러드

만두는 별다른 양념 없이 굽거나 찌기만
해도 맛있다. 군만두가 기름진 음식이라
먹기가 망설여진다면 채소를 곁들여
만두튀김샐러드를 만들어보자.

재료

시판 만두 7개, 자몽 ½개, 오렌지 1개,
방울토마토(빨간색·주황색) 4개, 레몬 ¼개, 식용유 1컵
드레싱 바질잎 3장, 레몬즙·올리브유 2큰술씩,
설탕 1큰술, 소금 약간

만들기

1. 볼에 바질잎을 잘게 다져 담고 나머지 드레싱 재료를
모두 넣어 잘 섞는다.

2. 자몽과 오렌지는 껍질을 벗기고 먹기 좋게 썬다. 방울
토마토는 2등분하고 레몬은 얇게 썬다.

3. 볼에 2를 담고 1의 드레싱을 부려 고루 섞는다.

4. 프라이팬을 달궈 식용유를 두르고 만두를 노릇하게
구운 뒤 키친타월에 올려 기름기를 뺀다. 만두를 접시
에 담고 3을 곁들인다.

plus tip

레몬즙과 올리브유를 1:1 비율로 섞는
것이 관건. 상큼한 맛이 적당히 돌고
올리브유의 부드러운 맛도 즐길 수 있다.

1   2   3   4

10 만능 밥도둑
약고추장과 볶음밥

꼼짝하지 않고 마냥 쉬고 싶을 때 미리
만들어놓은 약고추장만 있다면 끼니 걱정은
안 해도 된다. 별다른 반찬이 필요 없는
약고추장과 볶음밥.

약고추장 재료

왕만두 2개, 고추장 2큰술, 식용유·물엿 1큰술씩,
참기름 ½큰술

만들기

1. 만두는 만두피를 벗기고 만두소만 프라이팬을 달궈
식용유를 두르고 볶는다.

2. 1에 고추장을 넣어 볶다가 물엿과 참기름을 넣고 볶
는다. 너무 되직해지기 전에 불을 끈다.

볶음밥 재료

김치 왕만두 2개, 햇반 1개, 달걀프라이 1개, 참기름
1작은술, 식용유 1큰술

만들기

1. 만두는 만두피를 벗기고 만두소만 준비하고 햇반은
전자레인지에 1분간 돌린다.

2. 프라이팬을 달궈 식용유를 두르고 만두소를 볶는다.

3. 햇반을 넣고 볶다가 참기름을 두르고 한 번 더 볶아
접시에 담고 달걀프라이를 올린다.

plus tip

볶음밥을 할 때 찬밥이나 햇반을 넣으면
편하다. 햇반은 전자레인지에 1분 돌려 밥이
완전히 익지 않은 상태에서 넣어야 볶기도
쉽고, 볶으면서 밥이 완전히 익어 맛이 좋다.

약고추장 1   2   볶음밥 1   2   3

11 제법 간단한 일식 요리
돈가스덮밥

바삭바삭하게 튀긴 돈가스에 달콤한 소스를
얹은 따뜻한 한 그릇 식사로 일본에서는
가츠동이라고 부른다. 달걀이 말랑말랑하게
살짝 익을 정도로 조리하는 것이 포인트다.

재료

돈가스 1장, 대파(12.5cm) 1대, 초생강 5장,
양파·달걀 1개씩, 밥 ½공기, 식용유 2큰술, 간장 1½큰술,
설탕 1큰술, 다시마(3×4cm 크기) 1장, 물 ½컵

만들기

1. 프라이팬을 달궈 식용유를 두르고 돈가스를 굽는다.
대파는 송송 썰고 초생강과 양파는 채 썬다.

2. 작은 프라이팬에 물을 붓고 다시마를 넣어 끓이다 끓
기 직전에 건져낸다. 국물이 끓어오르면 간장, 설탕을
넣고 양파를 넣는다.

3. 돈가스를 넣고 달걀을 풀어 넣은 뒤 뚜껑을 덮고
20~30초 지나 달걀이 익으면 불을 끈다.

4. 접시에 밥을 담고 3과 대파, 초생강을 올린다.

plus tip

물과 간장, 시판 가쓰오 장국을 넣고 소스를
졸여도 좋다. 이때 가쓰오 장국은 2큰술을
넣으면 적당하다. 돈가스덮밥은 비비지 말고
한 숟가락씩 떠먹는 게 더 맛있다.

1   2   3

12 어린이 입맛에도 딱!
오렌지소스돈가스크로켓

양파는 유화아릴을 함유하고 있어
돼지고기에 풍부한 비타민 B₁의 흡수를 돕고
비만을 방지한다. 기름에 튀기는 돈가스는
양파와 궁합이 잘 맞는다.

재료

돈가스(동그란 모양) 7개, 샐러드 채소 1줌, 적양파 ½개,
오렌지주스 2컵, 설탕·레몬즙·식용유 2큰술씩

만들기

1. 양파는 동그란 모양을 살려 채 썰고 샐러드 채소는 먹
   기 좋게 썬다.

2. 냄비에 오렌지주스를 붓고 설탕, 레몬즙을 넣어 주스
   분량이 절반으로 줄 때까지 7~8분간 끓인다.

3. 프라이팬을 달궈 식용유를 두르고 돈가스를 노릇하
   게 굽는다.

4. 2의 소스를 살짝 식혀 접시에 붓고 돈가스와 양파, 샐
   러드 채소를 올린다.

plus tip

오렌지주스, 레몬즙,
설탕을 넣고 졸인 소스에
올리브유를 같은 분량으로
넣으면 오렌지 드레싱으로
활용할 수 있다.

2   3

13 생일상에도 집들이에도 OK!

돈가스유린기

중국식 치킨샐러드인 유린기도 돈가스를
활용하면 번거롭지 않다. 소스만 미리
만들어두면 색다르고 깔끔한 돈가스를
맛볼 수 있다.

재료

돈가스 1장, 양배춧잎 2장, 치커리 1줌, 무순 약간,
파프리카 ¼개, 식용유 1큰술
소스 간장 6큰술, 식초·설탕 3큰술씩,
발사믹식초 1작은술, 물 ⅔컵

만들기

1. 냄비에 소스 재료를 모두 넣고 끓인다.

2. 양배춧잎, 치커리, 무순은 깨끗이 씻어서 5~6cm 길이로 썬다. 파프리카도 비슷한 길이로 길게 채 썬다.

3. 프라이팬을 달궈 식용유를 두르고 돈가스를 앞뒤로 노릇하게 구운 뒤 3cm 폭으로 썬다.

4. 접시에 양배춧잎, 치커리를 담고 3의 돈가스와 무순, 파프리카를 올린 뒤 1의 소스를 붓는다.

plus tip

양념은 미리 섞어둬야
맛이 숙성돼 깊어지고,
주재료와 잘 어우러져
양념이 겉돌지 않는다.

1   2   3   4

소화기관을 튼튼하게 해주고 숙취 해소와 혈액순환을 돕는 영양부추와 비타민과 철분이 풍부한 깻잎은 여름이 제철이다. 무더운 여름을 나느라 지쳤다면 너비아니에 싱싱한 영양부추와 깻잎을 곁들여 입맛을 돋우자.

재료

너비아니 5~6개, 영양부추 80g, 깻잎 4장, 양파 ¼개, 땅콩분태(또는 땅콩 갈아서 사용)·식용유 1큰술씩
소스 포도씨유·쌈장 2큰술씩, 식초·황설탕 1½큰술씩, 간장·다진 마늘 ½큰술씩, 소금·후춧가루 약간씩, 물 3큰술

만들기

1. 영양부추는 깨끗하게 씻어 4cm 길이로 썰고 깻잎은 1cm 폭으로 썬다. 양파는 길이로 채 썰어 물에 담가 매운맛을 뺀다.

2. 볼에 포도씨유를 제외한 소스 재료를 넣고 잘 섞는다. 포도씨유는 맨 마지막에 넣는다.

3. 프라이팬을 달궈 식용유를 두르고 너비아니를 굽거나 전자레인지에 3분간 돌린다.

4. 볼에 1을 담고 2의 소스를 넣어 버무린 다음 땅콩분태를 뿌려 너비아니에 곁들인다.

plus tip

오일을 넣어 드레싱이나 소스를 만들 때 처음부터 한꺼번에 넣고 섞으면 설탕과 소금이 잘 녹지 않는다. 다른 재료들을 잘 섞은 다음 마지막에 오일을 넣는 것이 좋다.

1

2

3

4

15 쫀기쫀기 맛난
떡갈비채소볶음

냉동실에 한자리를 차지하고 있는 떡갈비,
애매하게 남은 자투리 채소 몇 가지면
충분하다. 채소를 곁들이면 떡갈비의
느끼한 맛을 덜 수 있다.

재료

시판 떡갈비 5~6개, 청·홍 피망·양파 ⅓개씩,
양송이버섯 3~4개, 아스파라거스 2개, 마늘 4쪽,
올리브유·진간장·굴소스 1큰술씩, 후춧가루 약간

만들기

1. 피망은 먹기 좋게 삼각형으로 썰고 양송이버섯은 2등분한다. 아스파라거스는 필러로 껍질을 벗기고 길게 어슷 썬다. 양파는 굵게 채 썰고 마늘은 반으로 가른다.

2. 프라이팬을 달궈 올리브유를 두르고 마늘을 볶다가 1의 채소를 모두 넣고 볶는다.

3. 떡갈비를 넣고 진간장, 굴소스, 후춧가루를 넣어 볶는다.

plus tip

아스파라거스는 섬유질이
풍부하지만 껍질이 질긴 편. 껍질을
벗기고 넣으면 부드럽고 아삭한
맛을 즐길 수 있다.

1   2   3

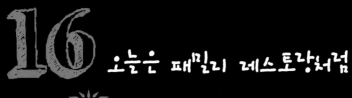

16 오늘은 패밀리 레스토랑처럼

케사디야

한 조각만 먹어도 속이 든든한 케사디야는
대표적인 남미 음식이다. 닭가슴살이나
불고기를 넣으면 치킨&비프케사디야가
완성된다. 사워크림, 살사소스를 곁들이면
패밀리 레스토랑이 부럽지 않다.

재료

너비아니(큰 것) 2개, 양파 ½개, 청·홍 피망 ¼개씩,
슬라이스 체다치즈·토르티야 2장씩, 모차렐라치즈 ½컵,
통조림옥수수 2큰술, 올리브유 1큰술,
소금·후춧가루 약간씩

만들기

1. 너비아니, 양파, 피망은 사방 1cm 크기로 썬다. 슬라이스 체다치즈는 2장을 겹쳐 사방 1cm 크기로 썬다.

2. 프라이팬을 달궈 올리브유를 두르고 1을 넣어 소금, 후춧가루를 뿌려 볶는다.

3. 마른 프라이팬을 약한 불에 올리고 토르티야 1장을 올린 뒤 모차렐라치즈를 올린다. 치즈가 녹기 시작하면 2와 통조림옥수수를 올리고 모차렐라치즈를 올린다.

4. 토르티야 1장을 더 얹어 바닥이 노릇해지면 뒤집어 반대쪽도 노릇하게 굽는다.

plus tip

체다치즈는 1장씩 썰 경우 치즈가 서로
달라붙어 시간이 오래 걸리고 번거롭기 때문에
2장씩 겹쳐놓고 써는 것이 좋다. 케사디야는
완성된 직후에는 열에 의해 치즈가 매우 부드러운
상태이므로 살짝 식혀 썰어야 내용물이 쏟아지지
않는다.

2 3 4

17 시판 재료로 완성하는 패스트푸드

너비아니버거

속에 두툼한 너비아니를 넣어 패스트푸드점의
햄버거보다 고기 맛이 많이 난다. 진하고
자극적인 맛에 길들어 심심하게 느껴질 경우
머스터드소스를 뿌리면 잘 어울린다.

재료

너비아니·모닝빵 2개씩, 슬라이스 체다치즈 1장,
토마토 ⅓개, 치커리 2줄기, 마요네즈·식용유 1큰술씩

만들기

1. 모닝빵은 반으로 갈라 프라이팬에 노릇하게 구운 뒤
마요네즈를 바른다. 프라이팬에 식용유를 두르고 너
비아니도 굽는다.

2. 토마토는 1cm 두께로 썰고 치커리는 4cm 길이로 썬
다.

3. 1의 모닝빵에 치커리→토마토→너비아니→슬라이스
체다치즈 순으로 올리고 모닝빵을 올린다.

plus tip

쌉싸래한 채소를 함께 넣어 먹으면
건강에도 좋고 입맛도 돈다. 샐러드를
비롯해 요리에 자주 쓰이는 치커리,
상추, 로메인, 루콜라 등 녹황색채소를
넣으면 좋다.

1

2

3

18 스팸과 감자만 있다면
스팸감자채볶음

스팸을 매번 달달 구워 먹기만 했다면
감자와 피망을 넣고 볶아 반찬으로
만들어보자. 감자는 위를 보호하고 나트륨을
배출해줄 뿐 아니라 식이섬유가 풍부해
변비에도 좋다.

재료

스팸 ½개, 감자(작은 것) 3개, 청·홍 피망 ⅒개씩(10g),
소금·후춧가루·올리브유 약간씩

만들기

1. 감자는 껍질을 벗기고 0.5cm 두께로 채 썬다. 스팸
과 피망도 감자의 길이에 맞춰 얇게 썬다.

2. 프라이팬을 달궈 올리브유를 두르고 감자를 넣어 볶
다가 소금, 후춧가루를 뿌린다.

3. 스팸과 피망을 넣고 한번 더 볶는다.

plus tip

스팸이 캔에서 잘 안 빠질 경우
가스불에 잠시 가열하면 잘 빠진다.
스팸 자체가 짭조름하기 때문에 소금,
후춧가루는 감자를 볶을 때 넣어야
감자에 간이 배어 맛있다.

1   2   3

19 케첩과 고추장의 황금 비율
소시지채소볶음

호프집에서 일명 '쏘야'로 통하는
소시지채소볶음은 맥주 안주로도,
밑반찬으로도 좋다. 어린아이부터 어른까지
모두 좋아하는 국민 반찬이다.

재료

비엔나 소시지 150g, 양파 ⅓개(75g), 홍·청 피망 ½개씩,
양송이버섯 4개, 마늘 3쪽, 고추기름 2큰술, 케첩 4큰술,
고추장 1큰술

만들기

1. 비엔나 소시지는 두세 군데 칼집을 내고 양파는 길이로 채 썬다. 피망은 삼각형으로 썬다. 양송이버섯은 3등분하고 마늘은 편으로 썬다.

2. 프라이팬에 고추기름을 두르고 마늘을 볶아 향을 낸다.

3. 1을 모두 넣고 볶는다.

4. 케첩과 고추장을 넣고 다시 한 번 볶는다.

plus tip

지나치게 오래 볶으면 채소가
흐물거리고 아삭하지 않으므로
2~3분간 볶는 것이 좋다.

1   2   3   4

20

캠핑 요리 OK! 술안주 OK!

소시지꼬치구이

가족끼리, 연인끼리 오붓하게 캠핑을 떠날 때
빠질 수 없는 메뉴가 바로 소시지꼬치구이다.
기호에 따라 소금, 후춧가루로 살짝 간하거나
스위트칠리 소스에 찍어 먹을 것.

재료

비엔나 소시지·떡볶이 떡·베이컨 5개씩,
청·홍 피망 ⅒개(10g)씩,
아스파라거스·레몬·새송이버섯 1개씩, 양파·가지 ¼개씩

만들기

1. 떡은 뜨거운 물에 담가 불리거나 끓는 물에 데쳐 물기를 거두고 베이컨으로 돌돌 만다. 비엔나 소시지는 두세 군데 칼집을 낸다.

2. 피망은 삼각형으로 썰고 아스파라거스는 껍질을 벗기고 3~4cm 길이로 썬다. 양파는 길이로 채 썬다.

3. 레몬은 2등분하고 새송이버섯은 모양을 살려 얇게 썬다. 가지도 1cm 두께로 썬다.

4. 꼬치에 1과 2를 원하는 대로 꿰어 굽고 레몬, 새송이버섯, 가지도 굽는다.

plus tip

소시지나 햄에는 조미료,
색소, 방부제 등 화학 성분의
식품첨가물이 들어 있다.
요리할 때 끓는 물에 데치면
유해 성분과 기름기를
줄일 수 있다.

1

2

3

4

INDEX

author introduction

신효섭 셰프

'블링블링 신군', '꽃미남 셰프'란 애칭으로 더욱 유명한 신효섭 셰프는 MBC 〈찾아라 맛있는 TV〉, KBS2 〈한식탐험대〉, SBS 〈스타킹〉, MBC 〈우리 결혼했어요〉, KBS W 〈여자들의 고민을 풀어주는 식당〉 등의 방송을 통해 스타 셰프로 거듭났다. 쿠킹 스튜디오 인스키친의 대표로 쿠킹 클래스를 운영할 뿐 아니라, CJ푸드빌, 신세계백화점, 현대백화점 등에서 인기 강사로 활동하고 있다. 또 굽네치킨의 (주)지엔푸드와 함께 디 브런치 카페를 오픈해 뉴욕 스타일의 샐러드와 브런치, 이탈리아 정통 파니니를 선보이고 있다. 그가 2013년 9월에는 인스키친에서 마케팅과 푸드스타일링을 맡고 있는 배우 출신 김민지 씨와 결혼식을 올려 품절남이 되었다. 32년 솔로 생활을 청산한 그가 알짜배기 요리 노하우와 싱글의 라이프스타일에 맞는 요리 레시피를 제안했다.

저서 《마이너스 레시피》

single-dish